Vincent Naudot

Etude locale et globale de champs de vecteurs

Vincent Naudot

Etude locale et globale de champs de vecteurs

sur les variétés

Presses Académiques Francophones

Impressum / Mentions légales
Bibliografische Information der Deutschen Nationalbibliothek: Die Deutsche Nationalbibliothek verzeichnet diese Publikation in der Deutschen Nationalbibliografie; detaillierte bibliografische Daten sind im Internet über http://dnb.d-nb.de abrufbar.

Information bibliographique publiée par la Deutsche Nationalbibliothek: La Deutsche Nationalbibliothek inscrit cette publication à la Deutsche Nationalbibliografie; des données bibliographiques détaillées sont disponibles sur internet à l'adresse http://dnb.d-nb.de.

Coverbild / Photo de couverture: www.ingimage.com

Verlag / Editeur:
Presses Académiques Francophones
ist ein Imprint der / est une marque déposée de
OmniScriptum GmbH & Co. KG
Heinrich-Böcking-Str. 6-8, 66121 Saarbrücken, Deutschland / Allemagne
Email: info@presses-academiques.com

Herstellung: siehe letzte Seite /
Impression: voir la dernière page
ISBN: 978-3-8381-4272-2

Table des matières

Etudes locales et globales de champs de vecteurs sur $\mathbb{R}^n$

Ce travail présente une introduction et un résumé des travaux suivants.

[**Na1**]-V. Naudot, Strange attractors in the unfolding of an inclination-flip homoclinic orbit, Ergod. Th. & Dynam. Syst. **16**, (1996), 1071-1086.

[**k-N**]- H. Kokubu, V. Naudot, Existence of infinitely many homoclinic doubling bifurcations from some codimension three homoclinic orbits, Journ. Dynamics Diff. Eq. **9**, (1997), 445-462.

[**Na2**]-V. Naudot, A strange attractor in the unfolding of an orbit-flip homoclinic orbit, Dynamical Systems: An international journal, **17**, (1), (2002), 45-63.

[**H-K-N**]-A.J. Homburg, H. Kokubu, V. Naudot, Homoclinic doubling cascades, Arch. Rational Mech. Anal. **160**, (2001), 195-243.

[**Na-th**]-V. Naudot, Les bifurcations homoclines des champs de vecteurs en dimension trois, Thèse de l'Université de Bourgogne. (25 Mars 1996).

[**B-N**]-P. Bonckaert, V. Naudot, Asymptotic properties of the Dulac Map near a hyperbolic saddle in dimension 3, Ann. Fac. Sci. Toulouse Math. (6), **8**, (2001), (4), 595-617.

[**B-N-Y-1**]-P. Bonckaert, V. Naudot, J. Yang, Linearization of germs of hyperbolic vector fields, C. R. Acad. Sci. Paris, Ser. I 336 (2003) 19-22.

[**B-N-Y-2**]-P. Bonckaert, V. Naudot, J. Yang, Linearization of hyperbolic resonant germs, Dynamical Systems: An international journal, **18**, No 1, (2003), 69-88.

[**N-Y-1**]-V. Naudot and J. Yang, Smooth equivalences and classifications of planar vector fields, Preprint (2004).

[N-Y-2]-V. Naudot and J. Yang, Linearization of families of germs, Preprint (2004).

[B-N-R]-H.W. Broer, V. Naudot, R. Roussarie, Extension of Catastrophe Theory to Dulac unfoldings, à paraître dans Proceeding of *Equadiff* 2003 .

[M-N-Y]-M. Martens, V. Naudot, J. Yang, Suspended Cubic Hénon like map in the unfolding of a degenerate homoclinic orbit with resonance, à paraître au C. R. Acad. Sci. Paris (2005).

1 Introduction

Cet ouvrage traite de champs de vecteurs sur $\mathbb{R}^n$. Plus particulièrement, dans les travaux **[Na1,K-N,H-K-N,Na2,Na-th,B-N-R,M-N-Y]** nous nous intéressons aux propriétés globales (ou semi-globales) des portraits de phase de champs sur $\mathbb{R}^3$ qui sont des perturbés de champs dégénérés. Dans les travaux **[B-N,B-N-Y-1,B-N-Y-2,N-Y-1,N-Y-2]** nous traitons des problèmes plus locaux.

1.1 Cadres historiques

Les travaux de Poincaré [63] représentent une étape historique importante dans la compréhension de la dynamique des champs de vecteurs sur les variétés. Les di´eomorphismes de surfaces y apparaissent comme des discrétisations de la dynamique de champs de vecteurs sur des variétés de dimension trois. Poincaré étudie l'application de premier retour (appelée depuis application de Poincaré) du flot sur une surface transverse à ce dernier. Poincaré s'aperçoit que lorsque les variétés invariantes d'un point fixe hyperbolique d'un di´eomorphismes du plan s'intersectent transversalement en un point, ceci implique l'existence d'une dynamique compliquée et de plus persistante. Un tel point est appelé point homocline transverse. Ces premières observations ont donné naissance à l'étude qualitative des systèmes dynamiques. Plus tard, afin de formaliser ce phénomène, Smale [81] propose un modèle: le fer à cheval Ce dernier est structurellement stable et persiste à toute perturbation C^1 du di´eomorphisme. Smale developpe sa théorie hyperbolique qui s'applique aussi aux champs de vecteurs de façon analogue. Cependant, un champ de vecteur peut posséder simultanément des points singuliers et des orbites périodiques. Un orbite est dite homocline si elle est incluse dans l'intersection des variétés stable et instable d'une singularité hyperbolique. Contrairement au cas des di´eomorphismes, cette intersection ne peut être transverse. Dans les années soixante-dix, des travaux ont mis en valeur l'existence de systèmes dynamiques 'persistants' et non hyperboliques. Lorenz [50] constate l'existence d'un champ de vecteur qui possède un attracteur (appelé depuis attracteur de Lorenz) comportant une singularité du champ et des orbites périodiques hyperboliques s'accumulant sur cette singularité. Robinson et Rychlik [74, 75, 77] montrent l'existence d'un tel attracteur suspendu dans le déploiement à deux paramètres de certains champs de vecteurs ayant deux orbites homoclines dégénérées à une même singularité. Hénon [39] étudie les itérations de l'application

$$(x, y) \mapsto (1 - x^2 + y, bx).$$

Expérimentalement, il constate que pour les valeurs $a = 1.4$ et $b = 0.3$, il éxiste un point dont la trajectoire semble remplir la variété instable d'un point fixe hyperbolique. Il conjecture que l'adhérence de la variété instable est un attracteur. Plus tard, une preuve théorique de ce résultat est donnée par Benedicks et Carleson [5] lorsque b est proche de 0 et montrent sa non hyperbolicité. Cet attracteur est visible pour toute valeur du paramètre a dans un sous-ensemble de mesure de Lebesgues positive. Plus récemment, Mora et Viana [59] etudient le déploiement d'un di´eomorphisme du plan qui possède une orbite homocline non transverse. Ils montrent qu'un tel déploiement donne naissance à des attracteurs étranges semblables à celui de Hénon. Pour comprendre les transitions entre les systèmes dynamiques persistants et non hyperboliques, il semble important d'étudier les déploiements des champs de vecteurs possèdant une orbite homocline dégénérée. C'est, dans une première partie, l'objet de cet ouvrage.

Le deuxième problème est d'ordre local et consiste à étudier la dynamique d'un germe de champs de vecteurs en l'origine, cette dernière étant une singularité hyperbolique. Le germe est constitué d'une partie linéaire et de termes d'ordre supérieurs. Gràce au théorème de Hartman-Grobman [2], la dynamique est banale. Plus précisement, il existe un homéomorphisme qui conjugue le flot associé au germe avec le flot associé à la partie linéaire du germe. Poincaré montre que si les valeurs propres de la partie linéaire ne possèdent aucune résonnance, le germe est alors formellement linéarisable. Par Chen [20] (ou encore Sternberg [84, 85]), cette conjugaison devient même C^∞. Entre le résultat de Hartman-Grobman et celui de Poincaré, il est également possible d'obtenir des résultats intermédiaires qui consistent à linéariser le germe par une tranformation C^k lorsque les valeurs propres de la partie linéaire du germe évite un nombre fini de résonnances [7, 77, 84, 85]. Plus le degré de dierentiabilit´e de la conjugaison est élevé, plus nombreuses sont les résonnances à éviter. Des réponses plus précises sont données par Samavol [79, 80]. Etant donné un entier $k \geq 0$, ce dernier propose une condition simple (appelée S(k)) sur les valeurs propres pour que le germe en question soit C^k linéarisable. Plus tard, cette condition S(k) est améliorée par Bronstein et Kopanski [10]. Certains de ces résultats s'étendent au cas des familles à paramètres de germes. C'est le cas des résultats de Hartman-Grobman, Chen, Sternberg et Bonckaert. Malheuresement, les résultats de Poincaré, Samavol, Bronstein et Kopanski ne s'étendent pas au cas des familles. Mieux comprendre les conjugaisons entre un germe (ou une famille de germes) et sa partie linéaire est, en deuxième partie l'objet de cet ouvrage. Cette étude est également motivée par la première partie de cette thèse. En eet, afin de comprendre la dynamique qui apparaît dans le déploiement d'orbite homocline, il est d'abord nécessaire de comprendre l'application de passage de coin (souvent appelée application de Dulac) d'une section transverse à la variété stable (de la singularité de type col) à une section transverse à la variété instable. Lorsque le champ est linéaire, cette application s'écrit simplement. Dans le cas de la dimension deux, une expression asymptotique de cette application est donnée par Roussarie [76]. En dimension supérieure cette question est encore ouverte.

1.2 Cadres de notre étude

Nous présentons maintenant les deux di´erents cadres de notre étude: le premier est global et le second local.

1.2.1 Comportement global

Dans cette partie, nous nous intéressons aux déploiements génériques d'un champ de vecteurs sur $\mathbb{R}^3$ possèdant une orbite homocline associée à une singularité hyperbolique. Plus précisement, nous considérons une famille C^3 de champs de vecteurs de $\mathbb{R}^3$, X , $\in \mathbb{R}^d$, telle que

[1] l'origine 0 est une singularité hyperbolique, les valeurs propres $-$, $-$ et de dX (0) vérifient

$$-\Re e(\ ) < -\Re e(\ ) < 0 < \ ,$$

[2] X est uniformement linéarisable,

[3] X_0 possède une orbite homocline , (à la singularité)

Comme nous l'annoncions dans l'introduction, la condition [2] est vérifiée dès lors que les valeurs propres de $dX_0(0)$ évitent un nombre fini de résonnances [7, 8, 77, 84, 85]. En fait, grâce aux théories developpées en deuxième partie de cette ouvrage, cette condition peut être évitée, mais elle simplifie l'étude. Quitte à faire une homothétie du temps, nous posons $\ = 1$. L'origine possède une variété stable locale $W^{s,ss}_{loc}$ et une variété instable locale W^u_{loc}. Dans le système de coordonnées linéarisant choisi, la variété stable locale est le plan $\{x = 0\}$, la variété instable locale est la droite $\{y = z = 0\}$. La surface stable $W^{s,ss}$ et la courbe instable W^u sont les variétés immergées obtenues par l'action du champ X_0 sur $W^{s,ss}_{loc}$ et W^u_{loc}. Dire que le champ X_0 possède une orbite homocline signifie qu'une branche de $W^u \setminus \{O\}$ est contenue dans la surface stable $W^{s,ss}$. Cette branche est l'orbite homocline consid´erée. Un tel champ n'est pas structurellement stable. Génériquement, posséder un orbite homocline associée à une singularité est une condition de codimension un. Plus précisément l'espace des champs de vecteurs qui possèdent une orbite homocline est de codimension un. L'espace des paramètres d'un déploiement générique du champ de vecteurs considéré est alors de dimension un.

Si l'orbite homocline est plus dégénérée, l'espace des paramètres sera de dimension d où d est la codimension de la dégénérescence.

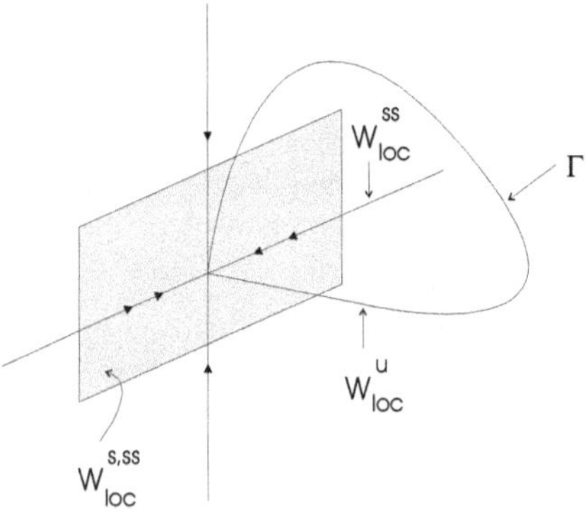

Figure 1:

Quelle est la dynamique de X , $\neq$0, au voisinage de l'orbite homocline de X_0? Nos travaux tentent de répondre à cette question dans certains cas où la dégénérescence est de codimension $d = 2$ ou 3 et où et sont réelles Nous rappelons brièvement quelques résultats importants sur les bifurcations homoclines.

Le cas non-dégénéré, de codimension 1: Le cas où les valeurs propres sont complexes conjuguées a été étudié initialement par Shil'nikov. Il montre que si $\Re e(\ ) = \Re(\ ) < 1$, la dynamique au voisinage de l'orbite homocline est chaotique [82]. Feroe, Hastings, Fenichel, Evans [31, 36, 29] et surtout Tresser [87] ont fortement contribué à la compréhension de ce phénomène.

Dorénavant, nous supposons les trois valeurs propres réelles. Le champ X_0 possède alors une unique courbe fortement stable locale notée W^{ss}_{loc}. Cette dernière est invariante par le champ X_0 et tangente au vecteur propre associé à la valeur propre $-$. Il existe aussi des surfaces dites instables généralisées qui sont invariantes par le champ X_0 et en général seulement C^1. Elles contiennent la courbe instable locale et sont tangentes à l'origine aux vecteurs propres associés aux valeurs propres $-$ et 1. Leurs espaces tangents coïncident le long de la courbe instable [37]. Génériquement, l'orbite homocline vérifie les conditions suivantes:

i) le long de l'orbite homocline, la surface stable intersecte transversalement toute surface instable généralisée.

ii) l'orbite homocline n'est pas contenue dans la courbe fortement stable. Sous ces hypothèses génériques, Shil'nikov [83] montre que la dynamique qui apparaît lors d'un déploiement X , $\in \mathbb{R}$ de l'orbite homocline est relativement simple. En voici la description. Si $>$ 0, le champ X ne possède ni orbite homocline ni orbite périodique au voisinage de l'orbite homocline de X_0. Pour $<$ 0, le champ X possède une orbite périodique. Celle-ci s'accumule au sens de Hausdor vers l'orbite homocline de X_0 lorsque tends vers 0.

Dégénérescences de codimension 2: L'orbite homocline est dite de première espèce ou de type (IF) ("inclination-flip", figure 2), si le long de celle-ci la surface stable intersecte non transversalement toute surface instable généralisée. L'orbite homocline est dite de deuxième espèce ou de type (OF) ("orbit-flip", figure 2), si elle est contenue dans la courbe fortememt stable. Ces dégénérescences sont de codimension deux.

Deng [23] a étudié les déploiements d'une orbite homocline de première espèce. Il propose un processus dans lequel un fer à cheval suspendu apparaît par une suite de cascades de bifurcations homoclines non-dégénérées. Cependant, ces travaux ne décrivent que le processus de "déstruction" de ce fer à cheval alors que son existence n'est pas claire. D'ailleurs si $1/2 < \ < 1$ et $>$ 1, Kisaka, Kokubu et Oka [47] montrent qu'aucune orbite périodique d'ordre supérieur à deux n'apparaît dans le déploiement de X_0 au voisinage de l'orbite homocline de type (IF). Ceci exclut la possibilité d'obtenir un fer à cheval. En revanche, si $<$ 1/2 et $2 <$, Homburg, Kokubu et Krupa [40] montrent l'apparition de fers à cheval suspendus au voisinage de l'orbite homocline de première espèce lors du déploiement du champ X_0. Pour tout entier n ils montrent l'existence de bifurcations n-homoclines. Plus précisément, considérons un disque transverse ` a l'orbite homocline de X_0 et n un entier positif. Alors, il existe $_n$ tendant vers 0 dans l'espace des paramètres pour laquelle le champ $X_{\ n}$ possède une orbite homocline d'ordre n relativement à : cette orbite intersecte en exactement n points. Ces bifurcations n-homoclines détruisent toutes les orbites périodiques du fer à cheval.

L'interêt des travaux ci-dessus est de fournir une description du proces-

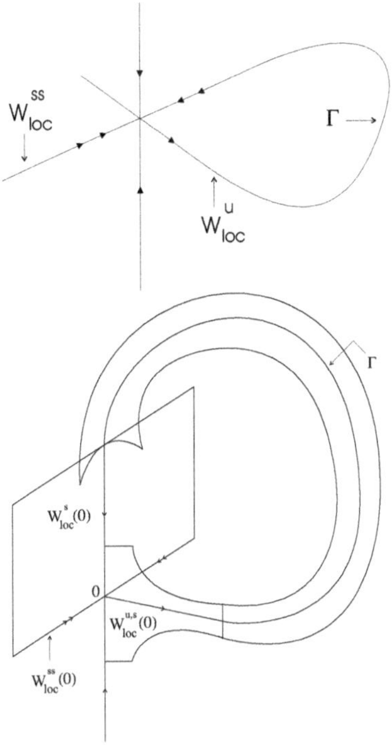

Figure 2: Orbite homocline de type (OF) et (IF)

sus de création et de destruction d'orbites périodiques. Néanmoins, les diagrammes de bifurcations de déploiements de champs de vecteurs possédant une orbite homocline de première espèce sont loin d'être parfaitement compris. Nos travaux sont présentés en section 2.

1.2.2 Etude locale

Au lieu de considérer une famille de champ de vecteur sur $\mathbb{R}^3$, nous considérons maintenant une famille C^∞ de champs de vecteurs X sur $\mathbb{R}^n$, $\in \mathbb{R}^d$. L'origine est une singularité hyperbolique. Comme notre étude est locale, nous considérons à l'origine les germes associés. Posons

$$\mathtt{X}\ (z) = \mathtt{Y}\ (z) + \mathtt{Z}\ (z) \tag{1}$$

où $\mathtt{Y}$ est linéaire et $\mathtt{Z}$ ne possède que des termes d'ordre supèrieur c'est à dire $\|\mathtt{Z}\ (z)\| = \mathtt{O}\ (\|z\|^2)$. Notons par $\mathtt{X}^{\,t}$ et $\mathtt{Y}^{\,t}$ les flots au temps t associés à $\mathtt{X}$ et $\mathtt{Y}$ respectivement. Une linéarisation est un homéomorphisme h telle que pour tout $t \in \mathbb{R}$,

$$\mathtt{X}^{\,t} \circ h \ = h \ \circ \mathtt{Y}^{t}. \tag{2}$$

Notons que dans le cas ou h est lisse par rapport à la variable z, (2) implique

$$h^*(\mathtt{Y}\ ) = \mathtt{X}\ . \tag{3}$$

Nous nous intéressons aux questions suivantes.

i) Une telle linéarisation existe t-elle?

ii) Si elle éxiste, pouvons nous l'écrire explicitement, ou asymptotiquement.

Comme nous l'annoncions précédemment, si $\mathtt{Y}$ est hyperbolique (c'est à dire si les valeurs propres de $\mathtt{Y}$ sont en dehors de l'axe imaginaire) grâçe au théorème de Hartman-Grobman [35], une telle linéarisation existe toujours. Cette dernière est même di´erentiable dans le cas du plan [35]. Cependant, ces résultats ne donnent aucune information sur la forme d'une telle transformation. Les travaux de Poincaré mentionnés précédemment vont plus dans ce sens. Cependant, ils n'ont de sens que pour un germe de champ de vecteur dont les valeurs propres ne dépendent pas du paramètre . Ce dernier résultat ne s'étend donc pas aux familles de germes. Rappelons tout d'abord quelques résultats concernant la linéarisation d'un seul germe, ou plus précisément un germe de champ de vecteur $\mathtt{X}$ avec sa partie linéaire $\mathtt{Y} = \mathtt{Y}$ indépendante du paramètre . Appelons

$$-\ _{p},\dots,-\ _{1},\ \ _{1},\dots,\ _{q}$$

les valeurs propres de $\mathtt{Y}$ où

$$p+q=n,\ \forall i=1,\dots,q,\ \Re e(\ _i)>0,\ \forall j=1,\dots,p,\ \Re e(\ _i)>0.$$

Posons

$$_j = -\ _i,\ j=1,\dots,p,\ \ _{p+i} = \ _i, i=1,\dots,q.$$

Ces dernières possèdent une résonnance s'il existe un entier $\ \ = 1, \ldots, p+q$ et des entiers $n_1, \ldots, n_{p+q}$ tels que

$$\ \ = \sum_{i=1}^{q} \ _i n_i - \sum_{j=1}^{p} \ _j m_j, \text{ et tels que } \sum_{i=1}^{p+q} n_i \geq 2 \tag{4}$$

Posons $k \geq 0$ un entier et supposons que les valeurs propres soient ordonnées de telle sorte que

$$-\Re e(\ _p) \leq \cdots \leq -\Re e(\ _1) < 0 < \Re e(\ _1) \leq \Re e(\ _q). \tag{5}$$

Samavol [79, 80] énonce une condition appelée $S(k)$ pour que le germe X soit C^k linéarisable. Cette condition est la suivante. Pour chaque résonnance de la forme (4) il existe un entier $1 \leq r \leq q$ ou tel que

$$k\Re e(\ _r) < \sum_{i=1}^{r} n_i \Re e(\ _i),$$

ou un entier $1 \leq s \leq p$ tel que

$$k\Re e(\ _s) < \sum_{i=1}^{r} n_{p+i} \Re e(\ _i).$$

Nous proposons l'exemple suivant. Considérons l'équation di´erentielle suivante.

$$\dot{x} = x, \ \dot{y} = -2y, \ \dot{z} = -2z + xy. \tag{6}$$

Belitski [4] montre qu'un tel champ ne peut être C^1 linéarisable. De plus il est aisé de constater que la condition $S(1)$ n'est pas réalisée. Néanmoins, pour cet exemple, nous pouvons donner explicitement une transformation qui linéarise (6). En eet posons

$$x = \bar{x}, \ y = \bar{y}, \ z = \bar{z} + \bar{x}\bar{y} \log |\bar{x}|. \tag{7}$$

L'expression (7) définie une tranformation C^0 qui linéarise (6). Nous nous proposons de regarder ces problèmes de linéarisation et plus précisément au développement asymptotique de telle transformation en généralisant cet exemple à des tout germe de champs de vecteurs indépendant ou dépendant d'un paramètre. Remarquons que la connaissance d'une telle expression est utile pour en déduire une expression de l'application de Dulac mentionnée plus haut. Cette dernière, comme nous allons le voir dans les prochaines sections joue un rôle fondamentale dans la compréhension de dynamique plus globales.

Cette ouvrage est constitué de trois parties. Dans la première, nous nous intéressons au premier problème (global) des bifurcations homoclines. Dans la deuxième, nous traîtons des problèmes locaux, au voisinage d'une singularité hyperbolique d'un champ de vecteur. Dans une troisième partie nous proposons quelques applications de ces techniques à des problèmes plus généraux.

2 Bifurcations homoclines

2.1 Dynamiques chaotiques

Nous montrons sous certaines conditions de généricité, l'existence d' un fer à cheval suspendu dans un déploiement générique d'une orbite homocline de première espèce. Les résultats suivants complètent [40, 47, 69, 78].

Théorème 1 **[Na-th]** Supposons que les valeurs propres vérifient

$$< \min\{1, 2\}$$

et que le champ X_0 est générique parmi les champs possédant une orbite homocline de première espèce à l'origine. Pour tout dans un ouvert $\mathbf{V} \subset \mathbb{R}^2$ de l'espace des paramètres adhérant à l'origine, X possède un fer à cheval suspendu.

Théorème 2 **[Na-th]** Sous les hypothèses du Théorème 1, pour tout entier n, il existe une bifurcation n-homocline.

La condition < 2 est utilisée de la façon suivante. Dans tous les cas, il existe à l'origine des germes de courbes C^2 invariantes par le flot, contenues dans la surface stable et tangentes à l'origine au vecteur propre associé à la valeur propre $-$. Dans le cas < 2 et seulement dans ce cas ce germe est unique. Il est noté W^s_{loc} et il est appelé courbe faiblement stable. La preuve des Théorèmes 1 et 2 repose sur l'hypothèse de généricité suivante. L'orbite homocline de première espèce n'intersecte pas cette unique courbe faiblement stable.

Supposons maintenant que les valeurs propres vérifient les inégalités

$$1/2 < \; < \; < 1.$$

Nous étudions l'une des situations dégénérées de codimension trois suivantes.

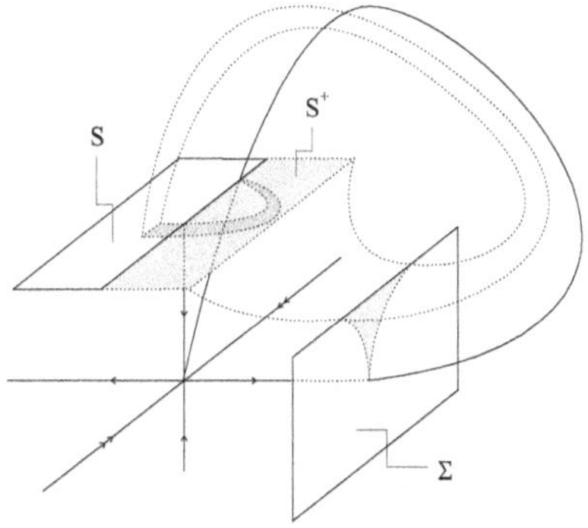

Figure 3: Application de retour

i) Le champ X_0 possède une orbite homocline de premi` ere espèce faible ou de type (IF) faible: elle intersecte la courbe faiblement stable C^2 (dégénérescence de la situation envisagée juste avant).

i) Le champ X_0 possède une orbite homocline de deuxi` eme espèce faible ou de type (OF) faible.

Pour définir cette dernière dégénérescence, nous introduisons la notion de vecteur critique de relativement ` a une transversale . Supposons que l'orbite est une orbite homocline de deuxi` eme espèce. Soit P un point quelconque de et un disque transverse ` a (donc ` a la variété stable $W^{s,ss}$) au point P. La variété instable $W^{s,ss}$ intersecte en deux composantes connexes $^+$ et $^-$. Sur l'une d'elles, l'aplication Poincaré est bien définie. Supposons qu'il sagisse de $^+$. Autrement di,

$$: \quad ^{+} \rightarrow \quad , \; q \mapsto (\quad q)$$

est appelée application de premier retour associée au champ le long de l'orbite . Consid´ erons un arc

$$c :]0,1[\rightarrow \quad ^{+}, \; t \mapsto c(t),$$

aboutissant de façon C^1 en P transversallement à la variété stable $W^{s,ss}$. Nous montrons que le vecteur limite

$$U \quad = \lim_{t \to 0} \frac{\frac{d}{dt}(\quad c(t))}{\|\frac{d}{dt}(\quad c(t))\|}.$$

existe et ne dépend pas de l'arc c. Il est appelé vecteur critique de relativement à . L'orbite homocline est dite de deuxi` eme espèce faible si le vecteur critique de relatif ` a une quelconque section transverse engendre la droite $T_P W^{s,ss} \cap T_P$. Notons que cette propri´ eté ne depend pas du choix de la section .

Théorème 3 [**Na-th,K-N**] Supposons que $1/2 < \; < \; < \quad 1$ et que l'orbite homocline du champ X_0 soit de première espèce ou de deuxième espèce faible. Alors, pour tout entier n, il existe une orbite homocline de type de première espèce et d'ordre n bifurquant de .

Dans la section suivante, nous revenons sur le déploiement d'une orbite homocline de type (IF) dans le cas où les valeurs propres vérifient une condition plus forte que celle exigée dans [40].

2.2 Attracteurs étranges

Nous énonçons les résultats suivant [**Na1, Na2**].

Théorème 4 [**Na1**] Supposons que X_0 possède une orbite homocline de première espèce. Les valeurs propres vérifient l'une des deux conditions suivantes.

$$+ \quad - 1 > 0, \quad < \quad 1/2, \; 3 < \; , \tag{8}$$

$$3 \quad - 3 + \; > \; 0, \quad < \quad 1 < 2 \tag{9}$$

Soit $0 < c < \log 2$. Il éxiste un sous-ensemble $\mathbf{E}(c)$ de $\mathbb{R}^2$ de mesure de Lebesgue positive, tel que pour tout $\in \mathbf{E}(c)$, il existe un compact invariant par , l'application de retour de Poincaré associée à X sur une section transverse, tel que:

(a) Le bassin d'attraction de est d'intérieur non-vide

(b) Il existe $z_1 \in$ tel que:

(b1) $\{ \; ^n(z_1), \; n \in \mathbb{N}\}$ est dense dans ,

(b2) $\|D \; ^n(z_1)(1,0)\| \geq e^{cn}$

(c) n'est pas hyperbolique.

Théorème 5 [**Na2**] Supposons que X_0 possède une orbite homocline de deuxième espèce et que les valeurs propres vérifient (9): le précédent théorème reste valide.

L'idée de la preuve de ces deux théorèmes est la suivante. Après des changements d'échelles appropriés, l'application de retour de Poincaré est proche de l'application quadratique standard

$$x \mapsto 1 - ax^2$$

Ceci revient à étudier une famille de di´eomorphismes de type Hénon. Ces dernières sont étudiées par Mora et Viana [59] où ils montrent l'existence de tels attracteurs. La non-hyperbolicité d'un tel attracteur est déduite d'un résultat de Plykin sur la structure des attracteurs hyperboliques pour des di´eomorphismes en dimension 2. En fait, la condition $\ + \ - 1 > 0$, nous dit que la divergence du champ X_0 est négative au voisinage de la singularité. Ceci implique que l'application de premier retour (sur une section transverse comme définie plus haut) contracte l'aire. D'après Plykin, un tel attracteur ne peut être hyperbolique.

Si on compare les résultats obtenus lors des déploiements d'orbites de première espèce (IF) faibles et de deuxième espèce (OF) faibles, lorsque les valeurs propres vérifient certaines inégalités, nous constatons que les dynamiques qui apparaissent dans les deux cas sont similaires.

2.3 Cascade de bifurcations homoclines

Avant de présenter les résultats de cette section, nous présentons brièvement la bifurcation de doublement homocline. Considérons un champ de vecteurs sur $\mathbb{R}^3$ dépendant d'un paramètre $\ = (, \mu \ ) \in \mathbf{K}$ où $\mathbf{K}$ est un compact de $\mathbb{R}^2$. Soit $\ _0 \in \mathbf{K}$ tel qu' au voisinage de ce point l'ensemble des paramètres pour lesquel le champ possède une connexion homocline est une courbe $\tilde{\ }$ contenant $\ _0$. Posons $\tilde{\ }^+ \cup \tilde{\ }^- = \tilde{\ } / \ _0$. Le paramètre $\ _0$ est dit de doublement homocline si

- Pour chaque valeur $\ \in \tilde{\ }^-$, le champ possède une orbite homocline intersectant transversalement un section en un seul point.
- Pour chaque valeur $\ \in \tilde{\ }^+$, le champ possède une orbite homocline intersectant cette même section en deux points.

En fait, pour la valeur $\ _0$ du paramètre, l'orbite homocline $\ _0$ est dégénérée dans l'un des trois sens suivants.

- $\ _0$ est de première espèce (IF): Kisaka, Kokubu et Oka méttent en évidence ce phénomène lorsque les valeurs propres vérifient $1/2 < \ < 1$ et $\ > 1$. Il montrent également la présence d'un dédoublement de pèriode et d'un bifurcation de type selle-noeud pour un cycle limite. [47].

- $_0$ est de deuxième espèce (OF): Sandstede [78] montre un résultat analogue lorsque $< 1, > 1$.

- $(\ _0) = 1$. Ce cas est étudié par Chow, Deng et Fiedler [21].

Supposons maintenant qu'il existe un ensemble $C \subset \mathbf{K}$ connexe et une suite $\{\ _{2^n}\}_{n\in\mathbb{N}}$, $_{2^i} \in C$, tel qu' au voisinage de chaque $_{2^i}$, l'ensemble des paramètres pour lesquels le champ possède une connexion homocline à la singularité est une courbe $\tilde{\ }_i \subset C$ contenant $_{2^i}$. Posons $\tilde{\ }_i^+ \cup \tilde{\ }_i^- = \tilde{\ }_i / \ _{2^i}$. On parle de cascade de doublements homoclines si

- Pour chaque valeur $\in \tilde{\ }_i^-$, le champ possède une orbite homocline intersectant une section transversalement en $2^{\ i}$ point.

- Pour chaque valeur $\in \tilde{\ }_i^+$, le champ possède une orbite homocline intersectant cette même section en $2^{\ i+1}$ points.

- La suite $\{\ \}_{i\in\mathbb{N}}$ converge.

Nous présentons le résultat suivant.

Théorème 6 [H-K-N] Soit $W^{\ 2}$ l'espace des champs de vecteurs sur $\mathbb{R}^3$ dépendant de deux paramètres munie de la topologie faible de Whitney. Il éxiste un ouvert O de $W^{\ 2}$ tel que chaque famille $\{X\ ,\ \in \mathbb{R}^2\} \in O$ possède une cascade de doublements homoclines.

En fait, nous construisons une famille à trois paramètres de champ de vecteurs $X_{,p,q}$, telle que pour toute valeur de > 0 fixée, la famille de champ de vecteurs $\{X_{,p,q}\}_{(p,q)\in\mathbb{R}^2}$ possède le diagramme de bifurcation présenté en figure 5. Les points $(IF)_{2^n}$ correspondent à des bifurcations homoclines de type (IF) et d'ordre 2^n. En ces valeurs du paramètre, les valeurs propres en la singularité vérifient $1/2 < \ < 1$, et > 1. Conformément au résultat de Kisaka, Kokubu et Oka [47], de chacun de ces points émanent

- une courbe de dédoublement de période pour un cycle limite,

- une courbe de bifurcation de type selle-noeud pour un cycle limite,

- une courbe de dédoublement homocline.

En figure 5, les courbes de bifurcations de type selle-noeud sont ignorées. En dimension trois, les bifurcations de dédoublement homoclines ressemblent assez aux bifurcations de doublement de période pour les cycles limites. Coullet et Tresser [22] sont les premiers à mettre en évidence l'existence et l'importance de cascade de doublement de période pour des familles d'application

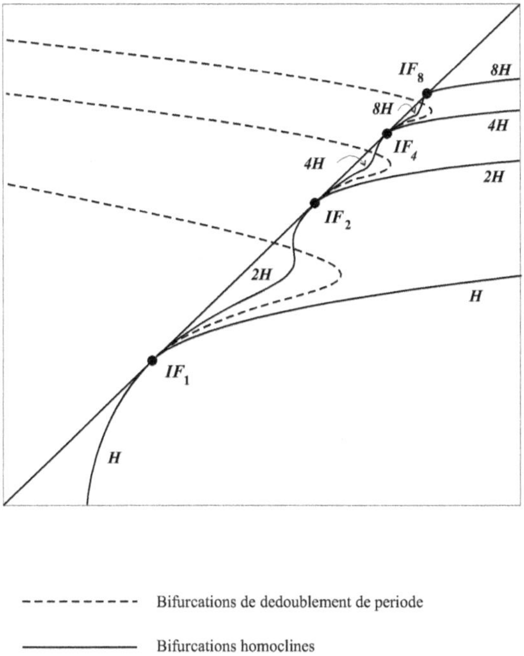

Figure 4: Cascade de doublements homoclines.

de l'intervalle. La suite $\{\ _{2^i}\}_{i\in\mathbb{N}}$ correspondant aux bifurcations de doublement de période successive converge vers une valeur $_{\infty}$ qui correspond à la frontière du chaos. Coullet et Tresser découvrent en fait que la suite converge avec un rapport de convergence qui ne dépend pas du choix de la famille. Il est alors naturel de se demander si ce phénomène se produit pour des cascades de dédoublement homoclines. Le résultat ci-dessus nous suggère une analogie. Plus tard, le rapport de convergence de la suite $\{\ _{2^i}\}_{i\in\mathbb{N}}$ sera étudié par Homburg et Young [44], en utilisant la théorie de renormalisation. Des résultats analogues à ceux de [22] mentionné plus haut seront alors obtenus.

3 Etudes Locales

Comme nous l'avons vu précédemment, l'application de transition, ou application de Dulac joue un rôle important dans l'expression de l'application de premier retour au voisinage d'une orbite homocline. Dans les travaux précédents, **[Na1,Na2,K-N,H-K-N,Na-th]** le champ à l'origine est supposé C^k linéarisable (pour $k \geq 3$), ou plus simplement, le champ est supposé linéaire au voisinage de la singularité. Il est alors facile d'expliciter cette application. Qu'en est-il en général? C'est la motivation essentielle de cette deuxième partie. Dans un premier temps, nous regardons l'application de Dulac dans le cadre des études poursuivies jusqu'à présent: la dimension 3.

3.1 Estimation asymptotique de l'application de Dulac

Considérons une famille de champs de vecteurs (1) au voisinage de $0 \in \mathbb{R}^3$, une singularité hyperbolique de type col. Les valeurs propres de Y sont 1, $-\ (\ )$ et $-\ (\ )$. Ces dernières dependent continuement du paramètre et ne s'annulent jamais. Posons

$$S^+ = \{z = 1,\ 0 < x < 1/3,\ |y| < 1/3\}, \quad = \quad \{x = 1,\ |y| < 1/3,\ |z| < 1/3\},$$

voir figure 4. Dans le cas linéaire,

$$\dot{x} = x,\ \dot{y} = -y, \quad \dot{z} = -z,$$

par intégration, il s'ensuit que

$$x(t) = x(0)e^t,\ y(t) = y(0)e^{-t}\ ,\ z(t) = z(0)e^{-t}\ .$$

L'application de transition prend alors la forme suivante

$$:\ S \to \quad,\ (x, y, 1) \mapsto (1,\ {}_Y(x, y),\ {}_Z)(x, y))$$

où

$${}_Y(x, y) = yx\ , \quad {}_Z(x, y) = x\ .$$

Dans le cas non linéaire, il est en général di cile d' estimer ${}_Y$ et ${}_Z$. Notons cependant que dans le cas de la dimension 2, cette question est abordée dans le cadre du 16eme problême de Hilbert et est traitée par Roussarie [76], Il'yashenko, Yakovenko [45], Moussu, [58] et en particulier par Mourtada [57].

Définition 1 Soit > 0. Une fonction $f : (0, \tilde{\ }) \times (-,\tilde{\ }\ \tilde{\ })$ est dite de Mourtada si

1) f est C^∞,

2) pour tout entier $k \geq 0$,

$$\lim_{x_0 \to 0^+} x_0^k \frac{\partial f}{\partial x^k}(x_0, y_0) = 0,$$

uniformément en y_0.

Nous présentons maintenant le résultat suivant.

Théorème 7 [B-N] Avec les notations ci-dessus, nous avons les propriétés suivantes. Supposons qu'il existe un entier m_0 et une valeur de   telle que tels que $(\ _0) = m_0\ (\ _0)$. Alors il existe un changement de coordonnées C^∞ dans lequel

$$\begin{aligned} {}_Y(x,y) &= x \ \left(y + p_{m_0} \quad (x) + f_y(x,y)\right) && (10) \\ {}_Z(x,y) &= x \ \left(1 + f_z(x,y)\right) \end{aligned}$$

où $= (\ ) - m_0\ (\ )$, f_y et f_z sont des fonctions de Mourtada et où   est telle que

$$\begin{aligned} (x) &= \frac{x \ \ -1}{\qquad}, \text{ si } \ \neq 0, && (11) \\ {}_0(x) &= \log x. \end{aligned}$$

En revanche, si pour tout , / / ∈$\mathbb{N}$ alors (10) reste valide avec $p_{m_0} \equiv 0$.

La fonction   est parfois appelée compensateur d'Ecalle-Roussarie [76], et va jouer un rôle important dans ce qui suit. Notons que ce résultat est facilement généralisable en dimension supérieure tant que la dimension de la variété instable (ou stable, après inversion du temps t) reste égale à 1. Afin de pouvoir étudier cette application dans un cas plus général, nous proposons maintenant une approche di´erente.

3.2 Linéarisation de germes hyperboliques

Considérons un germe de champ de vecteurs à l'origine $0 \in \mathbb{R}^n$ représenté par l'equation di´erentielle

$$\dot{z} = \mathtt{A} \cdot z + \mathtt{H}(z) \qquad (12)$$

où A est une matrice $n \times n$, H représente les termes d'ordre supérieur. Comme le germe est supposé hyperbolique, les valeurs propres de A sont en dehors de l'axe imaginaire. Nous savons que le théorème de Hartman-Grobman linéarise un tel germe. En général, il est di cile d'expliciter une telle transformation. Néanmoins, l'exemple proposé en (6), nous suggère de regarder des transformations logarithmiques comme en (7). Bien que le cadre de notre étude reste réel, nous introduisons néanmoins les notations complese suivantes.

Définition 2 Soit $\mathbf{U} \subset \mathbb{C}^n$ un voisinage de 0 et $f : U \to \mathbb{C}$ une fonction continue. Cettte dernière est dite de type `Mourtada-logarithmique` s'il existe un entier positif L, un voisinage V_L de 0, $V_L \subset \mathbb{C}^{n(L+1)}$, et une fonction C^∞ $\mathbf{F} : V_L \to \mathbb{C}$ telle que

$$f(z) = \mathbf{F}(z, Tz, T^2 z, \dots, T^l z)$$

où

$$T = \log \sum_{i=1}^{n} a_i (z_i \bar{z}_i)^{n_i}, \quad a_i \geq 0, \quad n_i \in \mathbb{N}.$$

Un homéomorphisme : $\mathbb{C}^n \to \mathbb{C}^n$ est dit de type Mourtada-logarithmique si chaque composante est de type Mourtada-logarithmique.

Définition 3 Soit $k \geq 0$ un entier et $-\ _p, \dots, -\ _1,\ _1, \dots,\ _q,$ les valeurs propres de `Y`, ordonnées comme en (5). Ces valeurs propres respectent la condition $P(k)$ si pour toute résonance de la forme (4), soit

$$k\Re e(\ _q) \ \leq \ \sum_{i=1}^{q} n_{p+i} \Re e(\ _i) \tag{13}$$

ou

$$k\Re e(\ _p) \ = \ \sum_{i=1}^{p} n_i \Re e(\ _i) \tag{14}$$

Nous proposons le résultat suivant, démontré en [**B-N-Y-1**] dans le cas de la dimension 2, en [**B-N-Y-2**] dans le cas général et en [**N-Y-2**] dans le cas des familles de germes hyperboliques à l'origine.

Théorème 8 Supposons `A` semi-simple et que ses valeurs propres respectent la condition $P(k)$ pour un entier $k \geq 0$. Alors il éxiste un di´eomorphisme C^k de type Mourtada-Logarithmique qui lin´earise l'équation (12); si $z = (\ y)$, il s'ensuit

$$\dot{y} = \mathtt{A} \cdot y.$$

Remarques

- Ce résultat est obtenu en développant une forme normale (non lisse) qui véhicule des termes de la forme

$$z_1^{n_1}\cdots z_{p+q}^{m_{p+q}}\log\Big(\sum_{i=1}^{p+q} d_i\,|z_i|^{a_i}\Big) \tag{15}$$

  où a_i, $1 \leq i \leq p+q$ est un entier non nul et où $d_i = 0$ ou 1. Ceci nous donne également un développement asympotique de en terme de fonction logarithmiques. A partir de ce dernier, on peut aisément en déduire un développement asymptotique de l'application de Dulac pour le germe.

- Comme la condition $P(k)$ est plus forte que la condition $S(k)$, le degré de di´ erentiabilité est en général plus bas que celui proposé par Samavol [79, 80].

La prochaine étape, consiste à étendre ce résultat aux familles de germes de champs de vecteurs **[N-Y-2]**. En eet, le r´ esultat précédant ne peut être valide lorsque les valeurs propres dépendent d'un paramètre. Supposons donc maintenant que le germe (12) dépende d'un paramètre $\in \mathtt{U}$ où $\mathtt{U} \subset \mathbb{R}^d$. Posons

$$\dot z \;=\; \mathtt{A}\; z + \mathtt{H}\,(z;\;\;) \tag{16}$$

où $\mathtt{A}$ est une linéaire, $\mathtt{H}$ représente les termes d'ordres supérieurs. Le théorème précedent est valide pour des familles de germes, la condition $P(k)$ est cependant remplacée par la condition $P\ (k)$ qui est la suivante. Fixons tout d'abord une constante proche de zéro. Les valeurs propres de $\mathtt{A}$

$$_j(\;) = -\;_i(\;),\; j = 1,\dots,p,\quad _{p+i}(\;) = \;_i(\;), i = 1,\dots,q.$$

sont ordonnées comme en (5).

Définition 4 On dit qu'une valeur propre $_l(\;)$, $1 \leq l \leq p+q$ admet une -quasi résonnance s'il existe des entiers $n_1,\dots,n_{p+q}$ tels que

$$\Big|\Big(\sum_{j=1}^{p} -\;_j(\;)n_j\Big) + \Big(\sum_{i=1}^{p}\;_i(\;)n_{q+i}\Big) -\;_l\Big| \;\leq\; \Big(n_1 + \cdots n_{p+q} - 1\Big)$$

$$\text{avec}\qquad n_1 + \cdots + n_{p+q} \geq 2. \tag{17}$$

Soit $k \geq 0$ un entier. On dit de plus que les valeurs propres de $\mathtt{A}$ respectent la condition $P\ (k)$ si pour toutes -quasi résonnance de la forme (17), soit (13) ou (14) est vérifiée.

La demonstration dans le cas des familles de germes est très technique. Elle repose cpendant sur la même idée que dans le cas d'un seul germe. La notion de terme résonnant est remplacer par celle de terme -quasi résonnant. La forme normale véhicule des termes analogues aux termes (15) mais en remplaçant la fonction logarithmique par un compensateur.

3.3 Champs quasi linéaires et quasi linéarisation

Dans cette partie, nous montrons que les techniques de formes normales non lisses utilisées pour linéariser des germes de champs de vecteurs, peuvent également être utilisées pour simplifier l'écriture d'un germe. Considérons donc de nouveau l'équation (16). Les résultats présentés maintenant concernent la dimension 2 et plus généralement le cas où il n'y a qu'une résonnance 1:1 forte.

Définition 5 Les valeurs propres de A possède une résonnance 1:1 forte s'il existe des entiers $n_1, \dots, n_{p+q}$ tels que

$$n_1 \;\; _1(\;\;) + \cdots n_{p+q} \;\; _{p+q}(\;\;) = 0.$$

De plus les entiers $n_1, \dots, n_{p+q}$ sont uniques à un facteur multiplicatif près. Plus précisement, si $m_1, \dots, m_{p+q}$ sont tels que

$$m_1 \;\; _1(\;\;) + \cdots m_{p+q} \;\; _{p+q}(\;\;) = 0,$$

alors pour tout entier $1 \leq i \leq j \leq p+q$

$$\det \begin{vmatrix} n_i & n_j \\ m_i & m_j \end{vmatrix} = 0.$$

Exemple 1 Soit $f, g : (\mathbb{R}, 0) \to (\mathbb{R}, 0)$ deux germes de fonctions à l'origine et considèrons le systême suivant.

$$\left\{ \begin{array}{lcl} \dot{x} & = & (\;\;)x + a_1 x^{m+1} y^n + x^{m+1} y^n f(x^m y^n), \\ \dot{y} & = & -\;(\;\;)y + b_1 x^m y^{n+1} + x^m y^{n+1} g(x^m y^n) \end{array} \right. \tag{18}$$

où

$$-\;(\;\;)m + n\;(\;\;) \;=\; (\;\;), \quad (0) = 0. \tag{19}$$

Notons que ce système est écrit sous la forme de Poincaré-Dulac et possède pour $= 0$ une résonnance 1:1 forte.

Nous présentons les résultats suivants.

Théorème 9 **[N-Y-1]** Considérons le système (18). Supposons que (19) est vérifiée et que $ma_1 + nb_1 \neq 0$. Alors pour tout entier k, (18) est C^k conjuguée au germe suivant

$$\left\{ \begin{array}{rclcccc} \dot{x} & = & (\ )x & + & a_1(\ )x^{m+1}y^n & + & a_2(\ )x^{2m+1}y^{2n} \\ \dot{y} & = & -(\ )y & + & b_1(\ )x^m y^{n+1} & + & b_2(\ )x^{2m}y^{2n+1} \end{array} \right. \tag{20}$$

Théorème 10 **[N-Y-1]** Soit

$$r = \max\{2m, 2n\}$$

(i) Si $m > n$, le système (18) est C^r équivalent à

$$\left\{ \begin{array}{rclcc} \dot{x} & = & x & + & \mu_1 x^{m+1}y^n \\ \dot{y} & = & -y & & \end{array} \right. \tag{21}$$

où $\mu_1 = 1$ ou $\mu_1 = 0$.

(ii) Si $m \leq n$, le système (18) est C^r équivalent à

$$\left\{ \begin{array}{rclcc} \dot{x} & = & x & & \\ \dot{y} & = & -y & + & {}_1 x^m y^{n+1} \end{array} \right. \tag{22}$$

où ${}_1 = 1$ ou ${}_1 = 0$.

4 Eclatements logarithmiques

Nous présentons maintenant une série de résultats obtenus en généralisant dans un premier temps les techniques d'éclatement proposées en **[Na1,Na2]** aux déploiements de Dulac (et déploiements avec compensateur). Nous proposons à posteriori un exemple où les techniques de linéarisation et de formes normales logarithmiques **[B-N-Y-1,N-Y-2]** sont utiles pour l'étude de la dynamique d'un champ de vecteurs qui possède une orbite homocline dégénérée et une résonnance à la singularité.

4.1 Une théorie des catastrophes pour les déploiements de Dulac

Dans cette partie, nous proposons une contribution à l'étude locale de famille de di´eomorphismes du plan au voisinage d'un point fixe non hyperbolique. Notons que de tels di´eomorphismes peuvent être obtenus en considérant l'application de retour de Poincaré de champs de vecteurs $X_{\ ,\ }$, $\ \in \mathbb{R}$, $\ \in \mathbb{R}$

dépendant périodiquement du temps [2, 16, 65, 66, 67]. Dans beaucoup de cas, après des changements d'échelle convenables, la famille prend la forme

$$\mathrm{X}_{,} \;=\; {}^{p}X_H + {}^{q}Y_{,} \;+\; {}^{r}R, \tag{23}$$

où $0 \leq p < q < r$ sont des entiers, X_H est un champ de vecteur Hamiltonian indépendant des paramètres, $Y_{,}$ représente la partie dissipative, et R la partie non autonome [6, 25, 26, 27, 66]. Ce cadre recouvre beaucoup de cas génériques comme la bifurcation de Hopf de codimension k [16, 17, 18, 19, 65, 66, 67] mais également la bifurcation de Bogdanov-Takens [6, 14] pour les di´eomorphismes, voir Exemple 2.

Nous nous intéressons à la géométrie de l'ensemble de bifurcation des cycles limites pour le système autonome. Ces cycles limites correspondent à des tores de dimension 2 invariants pour le système dépendant du temps. Les cycles limi du système autonome correspondent aux points fixes de l'application de premier retour (ou les zéros de l'application de déplacement) sur une section transverse au flot. Lorsque les paramètres restent éloignés de l'ensemble de bifurcation des cycles limites pour le système autonome, la dynamique du système non autonome est de type Morse-Smale [72]. Broer et Roussarie [16] montrent que dans le contexte réel analytique les dynamiques plus complexes ont lieu pour des valeurs des paramètres confinées dans un voisinage exponentiellement étroit de l'ensemble de bifurcation des cycles limites.

Exemple 2 Considérons la famille de champs de vecteurs suivante

$$X_{\mu,} \;= y\frac{\partial}{\partial x} + (x^2 + \mu + y \;\; \pm\, yx + R(x,y,t,\mu,\;))\frac{\partial}{\partial y} \tag{24}$$

où R est une fonction 2 -périodique par rapport au temps t et représente la partie non autonome. Supposons que $|R(x,y,t,\mu,\;)| = \mathrm{O}\,(x^2+y^2)^{\frac{3}{2}}$. Après un changement d'échelle classique [6, 24]

$$x = {}^{2}\bar{x},\; y = {}^{3}\bar{y},\; \mu = -\;{}^{4},\;\; = {}^{2}\bar{}_{,} \tag{25}$$

le système (24) s'écrit

$$\bar{Y}_{,}\,\bar{} = \;\bar{y}\frac{\partial}{\partial \bar{x}}, + \Big((\bar{x}^2 - 1) + {}^{2}\bar{y}\,\bar{}\, \pm\; {}^{2}\bar{y}\bar{x} + \mathrm{O}\,(\;{}^{3})\Big)\frac{\partial}{\partial \bar{y}}. \tag{26}$$

Remarquons que $\bar{Y}_{,}\,\bar{} = X_H + Z\;\;\bar{} + \mathrm{O}\,(\;{}^{2})$, où $X_H = \bar{y}\frac{\partial}{\partial \bar{x}} + (\bar{x}^2-1)\frac{\partial}{\partial \bar{y}}$ est un champ Hamiltonian indépendant du paramètre $(,\bar{}\;\;)$ et possède une orbite homocline à une singularité de type col bordant un disque contenant un centre. La partie non autonome du champ est contenue dans les termes $\mathrm{O}\,(\;{}^{3})$. Voir [16, 24] pour plus de détails.

Cet exemple illustre parfaitement le cadre de notre problème. D'autre exemples sont traités dans [8, 24, 26, 27, 13] et dans [**B-N-R**].

4.1.1 Quelques préliminaires

Considérons un système de la forme (23). Génériquement, l'Hamiltonian est de type Morse. Si de plus ce dernier est stable, trois cas sont alors possibles:

(a) X_H est défini sur un anneau (figure 5(a)).

(b) X_H est défini au voisinage d'un centre (figure 5(b)).

(c) X_H possède une orbite homocline (figure 5(c)).

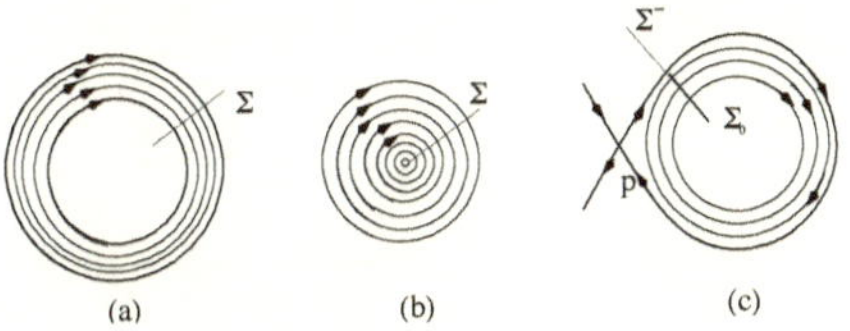

Figure 5: L'Hamiltonian X_H dans un anneau (a), près d'un centre (b), proche du cycle homocline (c).

Dans les trois cas, on peut définir l'application de premier retour de Poincaré

$$P_{,} \; : \; {}_0 \to \quad , \text{ with } P_{,} \; (x) = x + \; {}^{q-p} B_{,} \; (x). \tag{27}$$

sur une section ${}_0 \subset$ (dans le cas de l'anneau (a)) ou une semi-section (dans le case du centre (b) ou de l'orbite homocline) transverse au flot. Les cycles limites du système sont détecter par les zéros de l'application de déplacement

$$x \mapsto B_{,} \; (x) \tag{28}$$

L'ensemble de bifurcations des cycles limites B est défini comme suit

$$B = \{(, \quad) \in \mathbb{R} \; \times \mathbb{R}^{+} \mid B_{,} \; (x) = B'_{,} \; (x) = 0, \; x \in \; {}_0\}.$$

Posons $B_{\;0} = B \cap \{ \; = \; {}_0\}$. La famille $Y_{,}$ est générique en un sens qui est précisé ci-après et qui, en vertu du Théorème de Division [51, 60, 34] implique que la famille d'application de déplacement (28) est C^∞ structurellement stable par équivalence de contact.

Définition 6 (Equivalence de contact, [11, 33, 55, 64, 86])
Soit $f \;$: $(\mathbb{R}, 0) \to (\mathbb{R}, 0)$ et g_μ : $(\mathbb{R}, 0) \to (\mathbb{R}, 0)$ deux familles de germes de fonctions à l'origine, $, \mu \; \in (\mathbb{R} \;, 0)$. Elles sont dites C^∞ équivalentes par contact (ou C^∞ contact-équivalentes) s'il existe un germe C^∞ de di´ eomorphismes

: $(\mathbb{R}\ ,0) \to (\mathbb{R}\ ,0)$, une famille de di´eomorphismes $h\ : (\mathbb{R},0) \to (\mathbb{R},0)$ (dépendant C^∞ en le paramètre) et une fonction C^∞, $U : (\mathbb{R},0) \to (\mathbb{R},0)$, $U(0)\neq 0$ tels que

$$f\ \circ h\ (u) = U(u)\ \cdot g_{\ (\ )}(u).$$

D'après cette définition, h envoie les zéros de la fonction f vers les zéros de la fonction $g_{\ (\ )}$ tout en préservant leur multiplicité. Ainsi, lorsque est su samment petit, B est di´eomorphe à $\mathtt{B}_0$.

Dans le cas de l'anneau, grâce au Théorème de Division [60, 51, 55], $B_,$ s'écrit

$$B_,\ (x) = U(x,,\ )Q_k^{s,\pm}(x,\ (,\ )) \tag{29}$$

où $U\neq 0$ est C^∞ et $Q_k^{s,\pm}$ s'écrit sous la forme normale suivante

$$Q_k^{s,\pm}(x,\ (,\ )) = \ _0(,\ ) + \ _1(,\ )x + \cdots + \ _{k-2}(,\ )x^{k-2} \pm x^k. \tag{30}$$

Génériquement, l'application

$$\mapsto (\ _0(,\ 0), \ldots, \ _{k-2}(,\ 0))$$

est submersive. La codimension de la singularitée est $k-1$. Pour petit B consiste en les valeurs de telles que

$$Q_k^{s,\pm}(x,\ (,\ )) = \frac{dQ_k^{s,\pm}}{dx}(x,\ (,\ )) = 0$$

pour un certain x proche de 0. On dit alors que la géométrie de B est polynômiale. Grâce a la théorie des Catastrophes [11, 49, 3, 33, 64, 88], la topologie de $\mathtt{B}_0$ est bien comprise. Par exemple dans le cas de la codimension $k=2$, B est topologiquement un pli, dans le cas $k=3$, B est un cusp.

Dans le cas du centre (voir figure 5), par un argument analogue, on montre que l'application de déplacement s'écrit

$$B_,\ (u) = U(u,,\ )Q_k^{p,\pm}(u,\ (\ ))$$

où $u = r^2$, r représente la distance à l'origine et où

$$Q_k^{p,\pm}(u,\ ) = \ _0(,\ ) + \ _1(,\ )u + \cdots + \ _{k-1}(,\ )u^{k-1} \pm u^k,\ u \geq 0. \tag{31}$$

Voir [16] pour plus de détails. Observons que $Q_k^{p,\pm}$ possède un terme d'ordre $k-1$ alors que $Q_k^{s,\pm}$ n'en possède pas. Génériquement, l'application

$$\mapsto (\ _0(,\ 0), \ldots, \ _{k-1}(,\ 0))$$

est submersive et k est la codimension de la singularité. Pour chaque   proche de 0, B   consiste en les valeurs du paramètre   telles que

$$Q_k^{p,\pm}(u, \ (, \ )) = \frac{dQ_k^{p,\pm}}{du}(u, \ (, \ )) = 0$$

et où $u > 0$. Comme dans le cas de l'anneau, comme $Q_k^{p,\pm}$ s'écrit sous la forme (31), la géometrie de B   est encore polynômiale. La description de cet ensemble relève de la thèorie des Catastrophes Pointée [16].

Les deux cas (a) et (b) recouvrent toutes les bifurcations de Hopf de codimension k [16, 17, 67].

4.1.2 Le cas de l'orbite homocline

Supposons maintenant que l'Hamiltonian possède une orbite homocline à la singularité fixée à l'origine (voir figure 5-(c)). L'application de premier retour est alors définie sur une demi-section $_0 \subset$ param` etrisée par $u \geq 0$, le niveau d'énergie de l'Hamiltonian. Contrairement aux deux cas précédants, l'application de déplacement ne peut s'écrire sous la forme d'un développement de Taylor. En fait cette application s'écrit sous la forme d'un développement de Dulac [1, 52, 53, 62], lorsque $= 0$, et sous la forme de développement en compensateurs [62, 52, 53] lorsque $\neq 0$. Plus précisément, pour $= 0$, il éxiste deux suites de fonctions C^∞ $_i(\ )$ and $_j(\ )$, $i \in \mathbb{N}$, $j \in \mathbb{N} - \{0\}$, telles que pour tout entier N

$$B_{, 0}(u) = \sum_{i=0}^{N} \ _i u^i + \sum_{j=1}^{N} \ _j u^j \log u + o(u^N). \tag{32}$$

Un tel développement est dit de Dulac. Supposons que n soit le premier entier tel que $_n(0) \neq 0$ alors que pour tout entier $i = 0, \ldots n-1$, $_{i+1}(0) = \ _i(0) = 0$. Nous supposerons que l'application

$$\mapsto (\ _0(\ ), \ _1(\ ), \ldots, \ _{n-1}(\ ), \ _n(\ ))$$

est submersive. Le développement est alors générique de codimension $2n$ et (32) s'écrit alors

$$B_{, 0}(u) \ = \ \sum_{i=0}^{n-1} \ _i(\ )u^i + \sum_{i=1}^{n} \ _i(\ )u^i \log u + cu^n + o(u^n), \tag{33}$$

où $c = \ _n(\ )$. Supposons maintenant que n soit le premier entier tel que $_n(0) \neq 0$ alors que $_0(0) = 0$ et que pour tout entier $i = 1, \ldots n-1$, $_i(0) = \ _i(0) = 0$. Dans ce cas, nous supposerons que l'application

$$\mapsto (\ _0(\ ), \ _1(\ ), \ldots, \ _{n-2}(\ ), \ _{n-1}(\ ), \ _{n-1}(\ ))$$

est submersive. Le développement est alors générique de codimension $2n-1$, et (32) s'écrit alors

$$B_{,\ 0}(u) \;=\; \sum_{i=0}^{n-1} {}_{i}(\ )u^i + \sum_{i=1}^{n-1} {}_{i}(\ )u^i \log u + cu^n \log^n + O\,(u^n), \qquad (34)$$

où $c = {}_{n}(\ )$.

Nous introduisons la notation suivante. Si $F : (\mathbb{R}, 0) \to \mathbb{R}$ est un déploiement de Dulac de la forme (32), nous écrivons

$$F(u) = cu^m \log^l(u) + \cdots = cu^m \log^l(u) + \sum_{(k,j)<<(m,l)} c_{l,j} u^k \log^j(u) \qquad (35)$$

où l'ordre << est défini sur l'ensemble

$$\mathbb{N}^s = \{(a, b) \in \mathbb{N} \times \mathbb{Z},\ \ b \le a\}$$

comme suit

$$(l, j) << (l+1, k)\ \forall j \le l,\ k \le l+1, \text{ and } (l, j-1) << (l, j). \qquad (36)$$

Dans le cas $\neq 0$, une expression asymptotique de $B_{,}$ est donnée par Roussarie [62]:

$$\begin{aligned} B_{,}\ (u) \;&=\; {}_{0} + {}_{1}[u \;+\; {}_{1}(u, u\ )] + {}_{1}[u + \mu\ {}_{1}(u, u\ )] + \cdots \qquad (37)\\ &+\; {}_{n}[u^n + \mu\ {}_{n}(u, u\ )] + {}_{n+1}[u^{n+1} \;+\; {}_{n+1}(u, u\ )]\\ &+\; {}_{n}(u, ,\ \ ), \end{aligned}$$

où les ${}_{i}$'s et ${}_{j+1}$'s, $0 \le j \le n$, sont C^∞ en les paramètres et . Soit

$${}_{i}(0,0) = {}_{i+1}(0,0) = 0,\ 0 \le i \le n-1, \text{ et } {}_{n}(0,0) \neq 0, \qquad (38)$$

ou

$${}_{i}(0,0) = {}_{i+1}(0,0) = {}_{n}(0,0) = 0,\ 0 \le i \le n-2, \text{ et } {}_{n}(0,0) \neq 0. \qquad (39)$$

De plus, $= (u)$ est un compensateur [62]

$$(u) = \frac{u^{\tilde{}} - 1}{},\ \text{si}\ \tilde{} = 0,$$

$$(u) = \log u \text{ si } \tilde{} = 0,$$

où $\tilde{} = 1 - R(P)$ et où $R(P)$ est la valeur absolue du rapport des valeurs propres de la partie linéaire de $X_{,}$ en la singularité de type col. Les fonctions, $_i$, μ_i sont des polynômes en u et en $u\ \ (u)$,

$$_i(u, u\ \ (u)) = \ _{i,0}u^i + \cdots, \ \mu_i = \mu_{i,0}u^{i+1}\ \ ^{i+1}(u) + \cdots, \tag{40}$$

où $_{i,0}$ et $\mu_{i,0}$ sont des réels. La notation utilisée ci-dessus généralise celle introduite plus haut pour les développements de Dulac (35) et (36) en remplaçant $\log(u)$ par $\ (u)$. Le reste $_n$ est de classe C^n et plat jusqu'à l'ordre n en $u = 0$.

Le but de cette étude est le suivant. Pour chaque valeur de fixée proche de 0, nous allons construire une langue exponentiellement fine dans l'espace des paramètres où nous pouvons décrire complètement l'ensemble de bifurcations des cycles limites. Nous montrons que l'application de déplacement correspondante est structurellement stable par équivalence de contact et grâce au Théorème de Division, s'écrit sous la forme (29). Ceci implique que la géométrie de l'ensemble de bifurcation des cycles limites est polynômiale. La fonction U, bien qu'elle soit C^∞ à l'intérieur de la langue, admet un développement de Dulac à la pointe de la langue. Avant de présenter les principaux résultats, nous proposons l'exemple suivant.

4.1.3 La connection homocline de codimension 2

Considérons la famille de champs de vecteurs suivante

$$X_{\mu,\ _0,\ _1} = y\frac{\partial}{\partial x} + (x^2 + \mu + y\ _0 + \ _1 yx \pm \ yx^3)\frac{\partial}{\partial y}. \tag{41}$$

Cette famille est étudiée dans [26, 27]. Le diagramme de bifurcation est un cône ayant l'origine pour sommet. Ce cône est transverse à toute boule centrée en l'origine de petit rayon. Le diagramme, représenté alors sur la sphère $\mathbb{S}^2$, possède plusieurs points de bifurcation de codimension 2, et parmi eux, un point de connexion de selle dégénérée. Après changement d'échelle [16] la famille s'écrit

$$X_{\mu,\bar{\ }_0,\bar{\ }_1} \quad = \quad \bar{y}\frac{\partial}{\partial \bar{x}} + \ (x^2 - 1 + \ ^4(\bar{y}\bar{\ }_0 + \bar{\ }_1\bar{y}\bar{x} \pm \ \bar{y}\bar{x}^3))\frac{\partial}{\partial \bar{y}}$$

et prend la forme (23) avec $p = 1$, $q = 5$ et

$$H(\bar{x}, \bar{y}) = \frac{1}{2}\bar{y}^2 - \frac{1}{3}\bar{x}^3 + \bar{x}.$$

Le portrait de phase coïncide avec celui de la figure 5-(c), l'application de déplacement s'écrit alors

$$B_{,}\ (u) \ = \ {}_0(\ {}_0,\ {}_1,\ ) + {}_1(\ {}_0,\ {}_1,\ )u\ \ (u) + cu + o(u), \qquad (42)$$

où (u) est un compensateur [8, 16, 52, 53, 54], en particulier ${}_0(u) = \log u$. L'application

$$(\ {}_0,\ {}_1) \mapsto (\ {}_0(\ {}_0,\ {}_1, 0),\ {}_1(\ {}_0,\ {}_1, 0))$$

est supposée être un germe de di´eomorphismes en 0. Nous traitons dans cet exemple le cas où $= 0$. Nous définissons la transformation suivante

$$: [0\ ,\ ] \times [-A, A] \to \mathbb{R}^2,\ (,\ \ {}_0) \mapsto (\ {}_0,\ {}_1),$$

où $A > 0$ et où

$${}_1 \ = \ -\frac{1}{1 + \log}, \qquad {}_0 \ = \ \frac{(\ {}_0 - 1)}{1 + \log}, \qquad (43)$$

Une telle tranformation est appelée changement d'echelle singulier.

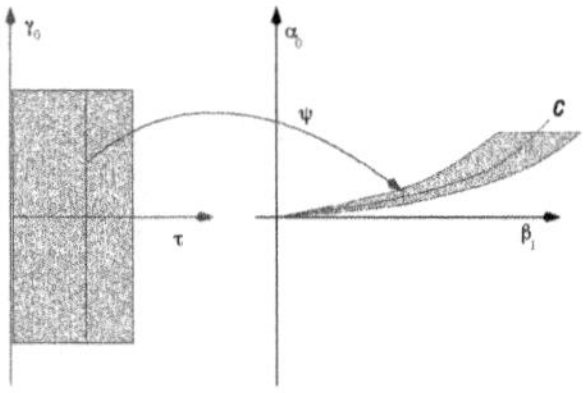

Figure 6: Image du rectangle $[0,\ ] \times [-A, A]$ par la transformation . B0 est localisée dans la région grise sur la figure de droite.

Le Théorème 12, (voir ci-après) montre qu'en posant $u = \ (1 + x)$, on a

$$B_{(\ ,\ \ {}_0),0}(\ (1 + x)) \ = \ \frac{}{1 + \log}\Big(\ {}_0 - \frac{x^2}{2} + \mathrm{O}\,(x^3)\Big). \qquad (44)$$

Grâce au Théorème de Division

$$\frac{}{1 + \log}\Big(\ {}_0 - \frac{x^2}{2} + \mathrm{O}\,(x^3)\Big) \ = \ \tilde{U}(x,\ )\Big(\ {}_0 - \frac{x^2}{2}\Big),$$

où $\tilde{U}$ est C^∞. Ainsi

$$B_{(\ ,\ \ {}_0),0}\Big(\ (1 + x)\Big) \ = \ U(x,\ )\Big(\ {}_0 - \frac{x^2}{2}\Big),$$

où

$$U(x,, \quad) = \frac{}{1+\log} \tilde{U}(x, \quad),$$

voir définition 7. Après division par U, l'application de déplacement est polynômiale et coïncide avec la forme normale du pli [64, 88]. Avec (43), il vient

$$_0 = -(\, _0 - 1)\frac{e^{-\frac{1}{\;_1}}}{e \; _1}.$$

Comme $_0$ appartient à un intervalle de longueur $2A$, pour une valeur fixée de $_1$, on obtient l'estimation asymptotique suivante

$$_0 \sim \frac{2A}{e| \, _1|} e^{-\frac{1}{\;_1}}, \quad _1 > 0.$$

L'ensemble de bifurcation des cycles limites B est donné par B = (F) où

$$\mathtt{F} = \{ \; _0 = 0\}.$$

Comme nous l'avons mentionné plus haut, après reparamètrisation, la stabilitée de la famille d'applications de déplacement implique l'équivalence orbitale faible de la famille (41). Après le changement d'echelle singulier dans l'espace des paramètres définie en (43), une langue exponentiellement étroite est créée dans laquelle la géométrie de l'ensemble de bifurcation des cycles limites peut être complètement décrite. Les résultats **[B-N-R]** présentés ci-après révèlent un rafinement de l'espace des paramètres qui concerne la dynamique de la famille autonome de champs de vecteurs, cette dernière étant polynômiale au sens précisé plus haut. Ces résultats peuvent être vus commes des théorèmes de division adaptés au deploiement de Dulac et sont utils lors de l'étude du système complet sur le tore plein $\mathbb{R}^2 \times \mathbb{S}^1$, où les cycles limites non perturbés correspondent à des tores de dimension 2 invariants. Pour le système non autonome, la persistence de ces tores relève de la théorie de KAM et en particulier de la théorie des bifurcations quasipèriodiques [11, 9]. Plus précisément, l'espace des paramètres, contient un ensemble E topologiquement équivalent au produit d'un Cantor et d'une hypersurface où la dynamique correspondante possède des familles de tores invariants de dimension 2 à fréquence Diophantienne, c'est à dire vérifiant l'inégalité suivante

$$\left| \; (\;) - \frac{p}{q} \right| \geq q^{\; -} \tag{45}$$

pour un certain $> \; 0 \; > \; 2$. Nous posons comme conjecture que les tores Diophantiens persistent. Cette conjecture fait l'objet de travaux en preparation [12]. Les resultats en théorie de KAM généralement implique une reparametrisation C^∞ de Whitney proche de l'identité lorsque $| \quad | \ll 1$. Ceci implique que ces tores Diophantiens perturbés correspondent dans l'espace des paramètres aux perturbés de E. Hors de cet ensemble des dynamiques plus complexes sont présentes (bulles, attracteurs étranges, etc.,) comme décrit dans [15, 17, 18, 19, 71, 59].

Théorème 11 Soit

$$\begin{aligned} B &: \mathbb{R} \times \mathbb{R}^n \times \mathbb{R}^{n-1} \to \mathbb{R}, \\ (u, \, , \quad) &\mapsto B_{,} \ (u) = \sum_{i=0}^{n-1} {}_i u^i + \sum_{i=1}^{n-1} {}_i u^i \log u + c[u^n \log u + \cdots], \end{aligned}$$

un déploiement de Dulac de codimension $2n - 1$. Alors

$$B_{(\, , \,)} \Big(\ (1 + \ (, \quad) x) \Big) = {}^n \log \ \Big(Q^{s,\pm}_{2n-1}(x, \quad) + \mathrm{o}\,(x^{2n}) \Big),$$

avec $(0,0) \neq 0$ et où

$$: \quad \mathbb{R}^{2n-2} \times \mathbb{R}^+, \ (, \quad) \mapsto \Big(\ (, \quad), \ (, \quad) \Big),$$

est de la forme

$$_i = {}^{n-i} \log^2 \ {}^-(, \quad), \quad _i = {}^{n-i} \log \ {}^-_i(, \quad), \tag{46}$$

$$^-_i(, \quad) = -ca_i + \mathbb{V}_i(\ ) - \log^{-1} \ \bar{R}_i(\ ), \tag{47}$$

et

$$\begin{aligned} {}^-_{n-1}(, \quad) &= -\sum_{j=1}^{n-1} (L_{n-1,j} \log^{-1} \ + H_{n-1,j}) \, {}^-_j(, \quad) \\ &+ \ d_{n-1} \log^{-1} \ + \ {}_{n-1} \log^{-1} \ - (cL_{n-1,n} + \bar{P}_{n-1}(\ )) \log^{-2}, \\ {}^-_i(, \quad) &= -\sum_{j=i+1}^{n-1} J_{i,j} \, {}^-_j(, \quad) - \sum_{j=1}^{n-1} (L_{i,j} \log^{-1} \ + H_{i,j}) \, {}^-_j(, \quad) \\ &+ \ d_i \log^{-1} \ + \ {}_i \log^{-1} \ - (cL_{i,n} + \bar{P}_i(\ )) \log^{-2}, \end{aligned}$$

où pour tout entier i, j, $L_{i,j}$, $H_{i,j}$, $J_{i,j}$, a_i, d_i, sont des nombres réels, $\mathbb{V}_i$ est une application linéaire, $\bar{P}_i$ et $\bar{R}_i$ sont de la forme

$$\begin{aligned} \bar{P}_i(\ ) &= \bar{P}_{i,0} + \ \log \ \bar{P}_{i,1} + \cdots \\ \bar{R}_i(\ ) &= \bar{R}_{i,0} + \ \log \ \bar{R}_{i,1} + \cdots \end{aligned}$$

Théorème 12 Soit

$$\begin{aligned} B \quad &: \quad \mathbb{R}\times\mathbb{R}^n\times\mathbb{R}^n \to \mathbb{R}, \\ (u, \, , \quad) &\mapsto B_{,} \;(u) = \sum_{i=0}^{n-1} \; _iu^i + \sum_{i=1}^{n} \; _iu^i \log u + c[u^n + \cdots], \end{aligned}$$

un déploiement de Dulac de codimension $2n$. Alors

$$B_{(\;,\;)}\Big(\;(1 + \;(, \quad)x)\Big) = \frac{n}{1+\tilde{a}_n \log}\Big(Q_{2n}^{s,\pm}(x, \;\;) + \mathrm{o}\,(x^{2n+1})\Big),$$

où $(0,0)\neq 0$ et où

$$: \quad \mathbb{R}^{2n-1}\times\mathbb{R}^+, \;(, \quad) \mapsto \Big(\;(, \quad), \;(, \quad)\Big),$$

s'écrit

$$_i = \;^{n-i}\,\bar{}_i(, \quad), \quad _i = \frac{n-i}{1+\tilde{a}_n \log}\;\bar{}_i(, \quad), \;\; \tilde{a}_i = \tilde{a}_{i,1}, \;\; l_i = L_{i,0}, \qquad (48)$$

$$\begin{aligned} \bar{}_n(, \quad) &= -c\tilde{a}_n + (1+\tilde{a}_{n,1}\log \;\;)^{-1}\mathbb{W}_n(\;\;) \\ &- \quad \log Q \;\; _{2n-1}(\;\;), \end{aligned}$$

$$\begin{aligned} \bar{}_i(, \quad) &= -\tilde{a}_i \log \;\; (1+\tilde{a}_{n,1}\log \;\;)^{-1}\mathbb{W}_n(\;\;) + \mathbb{W}_i(\;\;) - c\tilde{a}_i \\ &- \quad \log^2 \;\; \tilde{a}_n Q_{n+i-1}(\;\;) + \tilde{a}_i \;\; \log^2 Q \;\; _{2n-1}(\;\;) - \quad \log Q \;\; _{n+i-1}(\;\;), \end{aligned}$$

$$\begin{aligned} \bar{}_{n-1}(, \quad) &= -(\frac{\log}{1+\tilde{a}_{n,1}\log})\sum_{j=1}^{n}(L_{n-1,j}\log^{-1} \quad + H_{n-1,j})\;\bar{}_j(, \quad) \\ &- \quad cl_n + \;_{n-1}(1+\tilde{a}_{n,1}\log \;\;)^{-1} + \quad \log R \;\; _{n-1}(\;\;), \end{aligned}$$

et pour tout entier $i = 1, \ldots, n-2$,

$$\begin{aligned} \bar{}_i(, \quad) &= -\sum_{j=i+1}^{n-1} J_{i,j}\;\bar{}_j(, \quad) \\ &- \quad (\frac{\log}{1+\tilde{a}_{n,1}\log})\sum_{j=1}^{n}(L_{i,j}\log^{-1} \quad + H_{i,j})\;\bar{}_j(, \quad) \\ &- \quad cl_i + \;_i(1+\tilde{a}_{n,1}\log \;\;)^{-1} - \quad \log R \;\; _i(\;\;), \end{aligned}$$

où pour tout entier i, $\mathbb{W}_i$ est une application linéaire

$$Q_i(\ ) = Q_{i,0} + \ \log Q\ _{i,1} + \cdots$$
$$R_i(\ ) = R_{i,0} + \ \log R\ _{i,1} + \cdots$$

Ces deux théorèmes s'étendent aux déploiements avec compensateur.

Théorème 13 Soit

$$B\ :\ \mathbb{R} \times \mathbb{R}^n \times \mathbb{R}^{n-1} \to \mathbb{R},$$
$$(u, , \ ) \mapsto B_{,}\ (u) = \sum_{i=0}^{n-1}\ _i[u^i + \cdots] + \sum_{i=1}^{n-1}\ _i[u^i\ (u) + \cdots]$$
$$+ \ c[u^n\ (u) + \cdots]$$

un déploiement avec compensateur de codimension $2n-1$. Alors

$$B_{(\ ,\ )}\Big(\ (1 + \ (,\ \ )x)\Big) = \ ^n\ (\ )\Big(Q^{s,\pm}_{2n-1}(x,\ \ ) + \mathrm{o}\,(x^{2n})\Big),$$

où $(0,0) \neq 0$ et où

$$:\ \mathbb{R}^{2n-2} \times \mathbb{R}^+,\ (,\ \ ) \mapsto \Big(\ (,\ \ ),\ (,\ \ )\Big),$$

s'écrit

$$_i = \ ^{n-i}\ ^2(\ )^{-}(,\ \ ),\quad _i = \ ^{n-i}\ (\ )\ ^{-}_i(,\ \ ), \tag{49}$$

$$^{-}_i(,\ \ ) = -ca_i + \mathbb{V}_i(\ ) - \ (\ )^{-1}\ \bar{R}_i(\ ), \tag{50}$$

et

$$^{-}_{n-1}(,\ \ ) = -\sum_{j=1}^{n-1}(L_{n-1,j}\ ^{-1}(\ ) + H_{n-1,j})\ ^{-}_j(,\ \ )$$
$$+ \ d_{n-1}\ ^{-1}(\ ) + \ _{n-1}\ ^{-1}(\ ) - (cL_{n-1,n} + \bar{P}_{n-1}(\ ))\ ^{-2}(\ ),$$
$$^{-}_i(,\ \ ) = -\sum_{j=i+1}^{n-1} J_{i,j}\ ^{-}_j(,\ \ ) - \sum_{j=1}^{n-1}(L_{i,j}\ ^{-1}(\ ) + H_{i,j})\ ^{-}_j(,\ \ )$$
$$+ \ d_i\ ^{-1}(\ ) + \ _i\ ^{-1}(\ ) - (cL_{i,n} + \bar{P}_i(\ ))\ ^{-2}(\ ),$$

où pour tout entier i, $L_{i,j}$, $H_{i,j}$, $J_{i,j}$, a_i, d_i sont C^∞ en et en $\ ^n(\ )$, $\bar{P}_i$ and $\bar{R}_i(\ )$ sont C^∞ en et s'écrivent

$$\bar{P}_i(\ ) = \bar{P}_{i,0}(\ ) + \ (\ )\bar{P}_{i,1}(\ ) + \cdots$$
$$\bar{R}_i(\ ) = \bar{R}_{i,0}(\ ) + \ (\ )\bar{R}_{i,1}(\ ) + \cdots \tag{51}$$

Théorème 14 Soit

$$\begin{aligned} B \quad &: \quad \mathbb{R} \times \mathbb{R}^n \times \mathbb{R}^n \to \mathbb{R}, \\ (u, , \quad) \quad &\mapsto \quad B_{,} \quad (u) = \sum_{i=0}^{n-1} {}_i[u^i + \cdots] + \sum_{i=1}^{n} {}_i[u^i \quad (u) + \cdots] \\ &+ \quad c[u^n + \cdots] \end{aligned}$$

un deploiement avec compensateur de codimension $2n$. Alors

$$B_{(\, , \,)}\Big(\quad (1 + \quad (, \quad)x)\Big) = \frac{n}{1 + \tilde{a}_{n,1} \quad (\;)}\Big(Q_{2n}^{s,\pm}(x, \quad) + \mathrm{O}\,(x^{2n+1})\Big),$$

où $(0,0) \neq 0$, et où

$$: \quad \mathbb{R}^{2n-1} \times \mathbb{R}^+, \; (, \quad) \mapsto \Big(\; (, \quad), \; (, \quad)\Big)$$

s'écrit

$$_i = {}^{n-i}\bar{}_i(, \quad), \quad _i = \frac{n-i}{1 + \tilde{a}_{n,1} \quad (\;)}\bar{}_i(, \quad), \tag{52}$$

$$\begin{aligned} \bar{}_n(, \quad) \quad &= \quad -c\tilde{a}_{n,1} + (1 + \tilde{a}_{n,1} \quad (\;))^{-1}\mathbb{W}_n(\;) \\ &- \quad (\;)Q_{2n-1}(\;), \end{aligned}$$

$$\begin{aligned} \bar{}_i(, \quad) \quad &= \quad -\tilde{a}_{i,1} \quad (\;)(1 + \tilde{a}_{n,1} \quad (\;))^{-1}\mathbb{W}_n(\;) + \mathbb{W}_i(\;) - c\tilde{a}_i \\ &- \quad {}^2(\;)\tilde{a}_{n,1}Q_{n+i-1}(\;) + \tilde{a}_{i,1} \quad {}^2(\;)Q_{2n-1}(\;) \\ &- \quad (\;)Q_{n+i-1}(\;). \end{aligned}$$

$$\begin{aligned} \bar{}_{n-1}(, \quad) \quad &= \quad -(\frac{(\;)}{1 + \tilde{a}_{n,1} \quad (\;)})\sum_{j=1}^{n}(L_{n-1,j} \quad {}^{-1}(\;) + H_{n-1,j})\bar{}_j(, \quad) \\ &- \quad cL_{n,0} + \quad {}_{n-1}(1 + \tilde{a}_{n,1} \quad (\;))^{-1} \\ &+ \quad (\;)R_{n-1}(\;), \end{aligned}$$

et pour tout entier $i = 1, \ldots, n-2$

$$\begin{aligned} \bar{}_i(, \quad) \quad &= \quad -\sum_{j=i+1}^{n-1} J_{i,j}\bar{}_j(, \quad) \\ &- \quad (\frac{(\;)}{1 + \tilde{a}_{n,1} \quad (\;)})\sum_{j=1}^{n}(L_{i,j} \quad {}^{-1}(\;) + H_{i,j})\bar{}_j(, \quad) \\ &- \quad cL_{i,0} + \quad {}_i(1 + \tilde{a}_{n,1} \quad (\;))^{-1} - \quad (\;)R_i(\;), \end{aligned}$$

$\tilde{a}_{i,1}$ est C^∞ en et en $^n(\ )$, Q_i and R_i sont C^∞ en et s'écrivent

$$\begin{aligned} Q_i(\ ) &= Q_{i,0}(\ ) + \ (\ )Q_{i,1}(\ ) + \cdots \\ R_i(\ ) &= R_{i,0}(\ ) + \ (\ )R_{i,1}(\ ) + \cdots . \end{aligned} \tag{53}$$

4.2 Un attracteur étrange de type cubique

En théorie des bifurcations homoclines pour les champs de vecteurs sur les variétés, les critères de dégénérescences viennent premièrement de l'homoclinicité elle-même mais viennent également d'autres conditions supplémentaires le plus souvent géométriques, lorsque l'orbite homocline est plus dégénérée. C'est en particulier le cas dans la première partie de cette ouvrage **[Na1, Na2, H-N]**, [40, 41, 44, 47]. Dans certains cas, cependant, ces conditions supplémentaires ne sont pas géométriques mais algébriques, comme par exemple le fait que deux valeurs propres soient opposées. C'est par exemple le cas dans [21, 75]. Dans ces deux derniers articles, d'après les notations introduites en section 1, la partie linéaire du champ en la singularité est telle que $= 1$. Ceci implique que l'application de Dulac dans la variété instable généralisée locale est ni dilatante ni contractante mais dans une situation "intermédiaire" d' où la nécessité d'introduire un deuxième paramètre (rappelons que le premier paramètre "détruit" la connexion homocline). Lorsque $= 1$, le germe en la singularité possède, selon la terminologie introduite en section 3, une résonnance forte repésentant une obstruction formelle à la linéarisation C^2 du germe. Cependant, que ce soit en [21] ou en [75], la présence ou l'apparition de termes résonnants de la forme $xz^2\partial/\partial z$ ne conduit en aucun cas à un changement dans l'aspect qualitatif de la dynamique. Ceci vient du fait que la partie linéaire du germe contribue à elle seule à la partie principale de l'application de Dulac. Les termes d'ordre supérieurs dans le germe, qu'ils soient résonnants ou non, peuvent être ignorés.

Cette dernière partie est consacrée à la présentation d'un exemple de système dynamique où l'apparition de terme résonnant change l'aspect qualitatif de la dynamique. Plus précisément nous considérons de nouveau une famille C^∞ générique de champs de vecteurs $\mathtt{X}_p$, $p \in \mathbb{R}^4$, l'origine $0 \in \mathbb{R}^3$, étant une singularité hyperbolique. Cette famille possède les propriétés suivantes. Dans ce qui suit $\mathtt{Y}_p$ represente la partie linéaire du champ en la singularité.

(i) $\mathtt{X}_0$ possède une orbite homocline de premi` ere espèce (IF).

(ii) $\mathtt{Y}_p = x\partial/\partial x - \ (p)y\partial/\partial y - \ (p)\partial/\partial z$ avec $1/3 < \ (0) < 1/2$ et la résonnance $(0) = 2\ (0)$. Ceci implique que la famille de germes de champs de vecteurs à l'origine associée s'ecrit sous la forme $\mathtt{X}_p(x, y, z) = \mathtt{Y}_p + \ (p)z^2\partial/\partial y + \mathtt{G}(x, y, z)$ où

$$\|\mathtt{G}(x, y, z)\| = o(\|(x, y, z)\|^2).$$

(iii) le terme résonnant est nul pour $p = 0$: $\ (0) = 0$.

Avant d'annoncer le principal résultat de cette section, nous introduisons la famille cubique d'application de l'intervalle. Posons

$$\mathtt{H}_{\ 0,\ 1} : \mathbb{R} \to \mathbb{R},\ u \mapsto \ _0 + \ _1 u + u^3.$$

Similairement au cas de Hénon, nous "épaississons" cette application sur $\mathbb{R}^2$ en introduisant l'application de Hénon cubique:

$$\mathtt{H}_{\ 0,\ 1,\ } : \mathbb{R}^2 \to \mathbb{R}^2,\ (u, v) \mapsto (\ _0 + \ _1 u + u^3 - v, u\ \ ).$$

Lorsque $\ _0 = 0$, cette dernière famille est proposée par Holmes [42] comme modèle pour l'application de retour associée aux équations de Du ng [43] avec atténuation. Un attracteur étrange est alors numériquement mis en évidence. Observons tout d'abord que la famille $\mathtt{H}_{\ 0,\ 1}$ est bimodale. D'après

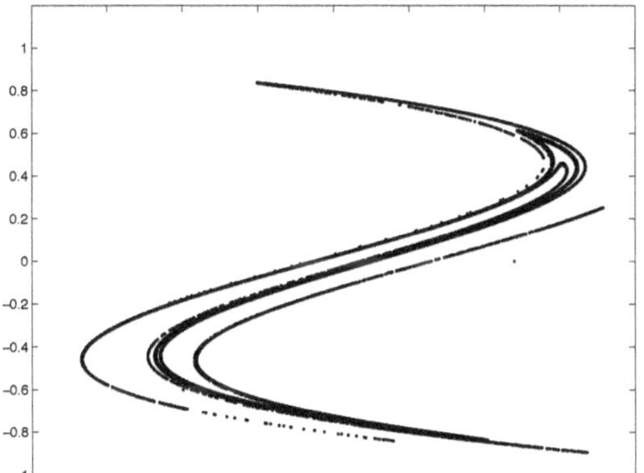

Figure 7: L'attracteur pour les valeurs $\ _0 = 0.25015$, $\ _1 = -2.478$, $\ = 0.508$

[28], cet attracteur étrange existe. Bien qu'il ne soit pas conjugué à l'attracteur

de Hénon classique, son entropie étant supérieure à $\log 2$, il possède cependant certaines similarités. Par exemple, sa structure est localement le produit topologique d'un Cantor et d'un intervalle. L'attracteur coïncide avec l'adhérence de la variété instable d'un point fixe hyperbolique.

Nous annonçons le résultat suivant .

Théorème 15 Soit $X_p, p \in \mathbb{R}^4$ un famille générique satisfaisant les conditions (i), (ii) et (iii). Il existe un ouvert R dans l'espace des paramètres (adhérent à 0) tel que pour chaque valeur de ce paramètre, il éxiste $(\ _0,\ _1,\ ) \in \mathbb{R}^3$ telle que l'application de retour de Poincaré sur une section transverse est C^k proche de $\hat{H}_{\ 0,\ 1,0}$ pour tout entier k, à conjugaison C^∞ preès.

La stratégie est globalement la même que celle développée en [**Na1, Na2**]: à partir de l'expression asymptotique de l'application de retour de Poincaré sur une section, nous construisons un éclatement dans l'espace des paramètres de telle sorte qu'après changement d'échelle, l'application de retour soit proche de l'application $H_{\ 0,\ 1}$. La di cult´e supplémentaire qu'il y a entre cette situation et celles rencontrées en section 1, vient de la résonnance elle-même. Cette dernière nous interdit de linéariser de manière C^2 le germe en la singularité. De plus, chaque variété instable généralisée n'est à priori que C^1. En fait on montre que lorsque $= 0$, un telle variété C^2 existe. Cependant, grâce aux travaux développés en [**B-N,B-N-Y-2**], ces di cult´es sont résolues. ¡a voir¿ On déduit aisément un développement asymptotique de l'application de Dulac et donc de l'application de retour de Poincaré. On montre également que lorsque $= 0$, il existe une variété instable généralisée deux fois di´erentiable. Ce qui est surprenant, c'est l'apparition du terme résonnant dans la forme normale de Poincaré Dulac qui "crée" de la dynamique.

References

[1] A.A. Andronov, E.A. Leontovich, I.I Gordon, A.G. Maier, Theory of dynamical systems on a plane. Israel Program of Scientific Translations, Jerusalem 1971.

[2] V. Arnol'd, Yu. Ilyashenko, Ordinary Dierential Equations, Encyclopaedia of Math. Sci. 1, Dynamical Systems 1, Springer 1986.

[3] A.D. Bazykin, Yu.A. Kuznetsov, A.I. Khibnik, Portraits of Bifurcations: Bifurcation Diagrams of Planar Dynamical Systems, Znanie 1989.

[4] G. Belitskii, Equivalence and normal forms of germs of smooth mappings, Russ. Math. Surv. **33**, 1 (1978), 107-177.

[5] M. Benedicks, L. Carleson, The dynamics of the H'enon map, Ann. of Math. **133** (1991), 73-169.

[6] V. Bogdanov, Versal deformations of a singular point of a vector field on the plane in the case of two zeros eigenvalues, Trudy Seminara Petrovvskogo. **2**, (1976), 37-65; Selecta Math. **1**, (1981), 389-491.

[7] P. Bonckaert, On the continuous dependence of the smooth change of coordinates in parametrized normal forms theorems, Journ. Diff. Eq. **106**, (1993), 107-120.

[8] P. Bonckaert, Conjugacy of vector fields respecting additional properties, J. of dynamical and control systems. **3**, (1997), 419-432

[9] H.W. Broer, G.B. Huitema, M.B. Sevryuk, Quasi periodic Motions in Families of Dynamical Systems, Lecture Notes in Mathematics **1645**, Springer 1996.

[10] I. U. Bronstein, A. Ya. Kopanskii Smooth invariant manifolds and normal forms, World Scientific Singapore 1994.

[11] Th. Broecker, L. Lander, Differential Germs and Catastrophes, London Mathematical Society, Lecture Note Series **17**, (1975).

[12] H.W. Broer, V. Naudot, R. Roussarie, F.O.O Wagner, On persistence of diophantine tori for nearly Hamiltonian systems with a homoclinic orbit. In preparation.

[13] H.W. Broer, R. Roussarie, C. Simó, A numerical survey on the Takens-Bogdanov bifurcation for dieomorphism. In C. Mira, N. Netzer, C. Simó, G. Targonski (Eds.), Eur. Conf. on Iteration Theory. **89**, (1992), 320-334, Word Scientific, Singapore.

[14] H.W. Broer, R. Roussarie, C. Simó, On the Bogdanov-Takens bifurcation for planar dieomorphisms, In C. Perelló, C. Simó, J. Solà Morale (Eds), Proceedings Equadiff 91, (1993), 81-92.

[15] H.W. Broer, C. Simó, J.C. Tatjer, Towards global models near homoclinic tangencies of dissipative dieomorphisms, Nonlinearity. **11**, (1989), 667-771.

[16] H.W. Broer, R. Roussarie, Exponential confinement of chaos in the bifurcation set of real analytic dieomorphisms. In H.W. Broer, B. Krauskopf and G. Vegter (Eds.), Global Analysis of Dynamical Systems,

Festschrift dedicated to Floris Takens for his 60th birthday, (2001), 167-210, Bristol and Philadelphia IOP, 2001. ISBN 0 7503 0803 6.

[17] A. Chenciner, Bifurcation des points fixes elliptiques. I *Publ. Math. IHES*. **61**, (1985), 67-127.

[18] A. Chenciner, Bifurcation des points fixes elliptiques. II: Orbites Périodiques et ensembles de Cantor invariants, *Inv. Math*. **80**, (1), (1985), 81-106

[19] A. Chenciner, Bifurcation des points fixes elliptiques. III: Orbites Périodiques de 'petites' périodes et élimination résonante des couples de courbes invariantes, *Publ. Math. IHES*. **66**, (1988), 5-91.

[20] K.T. Chen, Equivalence and decomposition of vector fields about an elementary critical point, *Amer. J. Math*. **85**, (1963), 693-722.

[21] S.N. Chow, B. Deng, B. Fiedler, Homoclinic bifurcation at resonant eigenvalues, *Journ. Dynamics and Diff. Eq.*, **2**, (1990), 177-244.

[22] P. Coullet, C. Tresser, Itérations d'endomorphismes et groupe de renormalisation, *J. de Physique*. **C5**, (1978), 25.

[23] B. Deng *Homoclinic twisting bifurcation and cusp horseshoe maps*, *J. Dyn. Diff.Eq*. **5**, (1993), 417-467.

[24] H.W.Broer, F. Dumortier, S.J van Strien, F. Takens, Structures in dynamics, finite dimensional deterministic studies, *Studies in Mathematical Physics* 2, North-Holland 1991; Russian translation 2003. ISBN 0-444- 89258-3.

[25] F. Dumortier, Singularities of vector fields on the plane, *J. Diff. Eq*. **23**, (2), (1977), 53-166.

[26] F. Dumortier, R. Roussarie, J. Sotomayor, Generic 3-parameter families of vector field on the plane, unfolding a singularity with nilpotent linear part. The cusp case of codimension 3, *Erg. Th. & Dynam. Sys*. **7**, (1987), 375-413.

[27] F. Dumortier, R. Roussarie, J. Sotomayor, H. Zoladek, *Bifurcations of Planar Vector Fields*, Lecture Notes in Mathematics **1480**, Springer 1991.

[28] L. Díaz, J. Rocha, M. Viana, Strnage attractors in saddle cyles: prevalence and globality, *Inv. Math*., **125**, (1996), 37-74.

[29] J.W. Evans, N. Fenichel, J.A. Feroe, Double impulse solutions in nerve axon equations, SIAM J, Appl. Math. **42**, (1982), 219-234.

[30] M.J. Feigenbaum, Quantitative universality for a class of nonlinear transformations, Journ. Stat. Phys. **19**, (1978), 669-706.

[31] J.A. Feroe, Existence and stability of multiple impulse solutions of a nerve equation, SIAM , J. Appl. Math. **42**, (2), (1982), 235-246.

[32] J.-M. Gambaudo, Ordre, desordre, et frontière des systeme Morse-Smale, Thèse, l'Université de Nice, 1987.

[33] C.G. Gibson, Singular points of smooth mappings, Research Notes in Mathematics. **25**, Pitman 1979.

[34] M. Golubitsky, V. Guillemin, Stable Mappings and their singularities, Springer 1973.

[35] P. Hartman, On local homeomorphisms of Euclidean spaces, Bol. Soc. Mat. Mexicana. **5**, (1960), 220-241.

[36] S.P. Hastings, Single and multiple pulse waves for the Fitzhugh-Nagumo equations, SIAM J. Appl. Math. **42**, (2), (1982), 247-260.

[37] M. Hirsch, C. Pugh, M. Shub, Invariant Manifolds, Lect. Notes Math. **583**, Springer 1977.

[38] A.J. Homburg, Global Aspects of Homoclinic Bifurcations of Vector Fields, Memoirs A.M.S. **578**, (1996).

[39] M. Hénon, A two dierentiable mapping with a strange attractor, Comm. Math. Phys. **50**, (1976), 69-77.

[40] A.J. Homburg, H. Kokubu, M. Krupa, The cusp horseshoe and its bifurcations in the unfolding of an inclination-flip homoclinic orbit, Ergod. Th. & Dynam. Sys. **14**, (1994), 667-693.

[41] A.J. Homburg, B. Krauskopf, Resonant homoclinic flip bifurcations, J. Dynam. Differential Equations. **12**, (4), (2000), 807-850.

[42] P. J. Holmes, A non linear oscillator with a strange attractor, Phil. Trans. ROy. Soc. **A292**, (1979), 419-448.

[43] P. J. Holmes, J. E. Marsden, Bifurcations to divergence and flutter in flow-induced oscillations: an infinite dimensional analysis, Automatica. **14**, (1978), 367-384.

[44] A. J Homburg, T. Young, Universal scaling in homoclinic doubling cascades, Commun. Math. Phys. **222**, (2001), 269-292.

[45] Y. Ilyashenko, S.Yakovenko, Finite cyclicity of elementary polycycles. In Y. Ilyashenko & S. Yakovenko (Eds), Concerning the Hilbert 16th Problem, American Mathematical Society Translations Series 2. **165**, (1995), 21-95.

[46] M. Koper, Bifurcations of mixed-mode oscillations in a three-variable autonomous Van der Pol-Du ng model with a cross shaped phase diagram, Physica D. **80**, (1995), 72-94.

[47] M. Kisaka, H. Kokubu, K. Oka, Bifurcations to N-homoclinic orbits and N-periodic orbits in vector fields, Journ. Dynamics and Diff. Eq. **5**, (1993), 305-357.

[48] M. Krupa, B. Sandstede, P.Szmolyan, Fast and slow waves in the FitzHugh-Nagumo equation, Journal of Diff. Eq. **133**, (1997), 49-97.

[49] Yu.A. Kuznetsov, Elements of Applied Bifurcation Theory, Springer 1995.

[50] E.N. Lorenz, Deterministic non periodic flow, J. Atmos. Sci. **20**, (1963), 13-141.

[51] B. Malgrange, Ideals of differentiable Functions, Oxford University Press 1966.

[52] P. Mardĕsic, Déploiement versel du cusp d'order n. Doctorat de l'Université de Bourgogne. (1992)

[53] P. Mardĕsic, Chebychev systems and the versal unfolding of the cusp of order n, Travaux en cours. (1994), 1-120.

[54] P. Mardĕsic, The number of limit cycles of polynomial deformations of a Hamiltonian vector field, Ergod. Th & Dynam. Sys. **10**, (1990), 523-529.

[55] J. Mather, Stability of C^∞ mappings **I**. The division theorem, Ann. Math. **89**, (1968), 254-291.

[56] J. Moser, Convergent series expansions for quasi-periodic motions, Math. Ann. **169**, (1967), 136-176.

[57] A. Mourtada. Cyclicité finie des polycycles hyperboliques de champs de vecteurs du plan mise sous forme normale. In *Bifurcations of planar vector fields, proceedings Luminy.* **1455**, (1989) of *Lecture Notes in Mathematics*, 272-314, Springer 1990.

[58] R.Moussu, Développement asymptotique de l'application retour d'un polycycle. In *Dynamical Systems, Valparaiso* 1986. **1331** of *Lecture Notes in Mathematics*, 140-149. Springer 1988.

[59] L. Mora, M. Viana, Abundance of strange attractors, *Acta Math.* **171**, (1993), **1-71**.

[60] R. Narasimhan, *Introduction to the Theory of Analytic Spaces*, Lecture Notes in Mathematics. **25**, Springer 1966.

[61] A.I. Neishtadt, The separation of motions in systems with rapidly rotation phase *J. Appl. Math. Mech.* **48**, (1976), 133-139.

[62] R. Roussarie, On the number of limit cycles which appear by perturbation of a separatrix loop of planar vector fields, *Bol. soc. Bras. Math.* **17**, (2), (1985), 67-101.

[63] H. Poincaé, *Oeuvres*, Ed. P. Appell, A. Chtelet, J. Drach, R. Garnier, G. Julia, J. Leray, J. Lvy, & G. Petiau, Paris: Gauthier-Villars, 1916-1956.

[64] T. Poston, I.N. Stewart, *Catastrophe theory and its applications*, Pitman 1978.

[65] F. Takens, Forced oscillations and bifurcations, Application of Global Analysis I *Commun. Math. Inst. University of Utrecht* **3**, (1974) 1-59. Reprinted in H.W. Broer, B. Krauskopf and G. Vegter (Eds.), *Global Analysis of Dynamical Systems, Festschrift dedicated to Floris Takens for his 60th birthday*, (2001), 1-61, Bristol and Philadelphia IOP, 2001. ISBN 0 7503 0803 6.

[66] F. Takens, Singularities of vector fields. *Publ. Math. IHES.* **43**, (1974), 47-100.

[67] F. Takens, Unfolding of certain singularities of vector fields: generalized Hopf bifurcations, *J. Dynam. Diff. Eqns.* **14**, (1974), 476-93.

[68] S. Newhouse. Dieomorphi sms with infinitelymany sinks, *Topology.* **13**, (1974), 9-18.

[69] S. Nii, N-homoclinic orbits bifurcations for homoclinic orbits changing their twisting, J.Dynam. Diff. Eqs. **2**, (2), (1996), 549-572.

[70] B.E Oldman, B. Krauskopf, R. Champneys Death of period-doubling cascades: locating the homoclinic doubling cascade, Physica D. **126**, (2000), 100-120.

[71] J. Palis, F. Takens. Hyperbolicity and Sensitive Chaotic Dynamics at Homoclinic Bifurcations. Fractal Dimensions and infinitely many Attractors, Cambridge University Press 1993.

[72] J. Palis, W. de Melo, Geometric theory of dynamical systems, An introduction, Springer 1982.

[73] R. Plykin, On the geometry of hyperbolic attractors of smooth cascades, Russian. Math. Survey. **39**, (6), (1984), 85-131.

[74] C. Robinson, Bifurcation to infinitely many sinks, Comm. Math. Phys. **99**, (1974), 154-175.

[75] C. Robinson, Homoclinic bifurcation to a transitive attractor of Lorenz type, Nonlinearity. **2**, (1989), 495-518.

[76] R. Roussarie. On the number of limit cycles which appear by perturbation of a separatrix loop of planar vector fields, Bol. soc. Bras. Math. **17**, (2), (1985), 67-101.

[77] M.R. Rychlik, Lorenz attractors through Shil'nikov-type bifurcation. Part I, Ergod. Th. & Dynam. Syst. **10**, (1990), 793-821.

[78] B. Sandstede, Verzweigungstheorie homokliner Verdopplungen, Ph-d thesis, University of Stuttgart (1993).

[79] V. S. Samavol, Linearization of systems of ordinary dierential equations in a neighbourhood of invariant toroidal manifolds, Proc. Moscow Math. Soc. **38**, (1979), 187-219.

[80] V. S. Samavol A necessary and su cient condition of smooth linearization of autonomous planar systems in a neighborhood of a critical point, Matematicheskie Zametki. **46**, (1989), 67-77.

[81] S. Smale, Dierential dynamical systems, Bull. Am. Math. Soc. **73**, (1967), 747-817.

[82] L.P. Shil'nikov, A case of the existence of a countable number of periodic motions, *Soviet Math. Dokl.* **6**, (1965), 163-166.

[83] A. Shil'nikov, On bifurcation of the Lorentz attractor in the Shimizu-Morioka model. *Physica D*, **62** (Special Issue), (1993).

[84] S. Sternberg On the structure of local homomorphisms of euclidean n-space, I, *Am. J. Math.* **80**, (1958), 623-31.

[85] S. Sternberg On the structure of local homomorphisms of euclidean n-space, II, *Am. J. Math.* **81**, (1959), 578-605.

[86] R. Thom, *Structural stability and Morphogenis* (translated by D.H. Fowler), Benjamin-Addsion Weslay, New York 1975. Translation of R. Thom, *Stabilité Structurelle et Morphogénèse* with additional material.

[87] C. Tresser, On some theorems of L.P. Shil'nikov, *Ann. Inst. Henri. Poincaré.* **40**, (4), (1984), 441-461.

[88] A.E.R. Woodcock, T. Poston, *A geometrical study of the elementary catastrophes*, Lectures Notes in Mathematics **373**, Springer 1974.

[89] E. Yanagida, Branching of double pulse solutions from single pulse solutions in nerve axon equations, *Journ. Diff. Eq.* **66**, (1987), 243-262.

www.ingramcontent.com/pod-product-compliance
Lightning Source LLC
Chambersburg PA
CBHW021610210326
41599CB00010B/695
* 9 7 8 3 8 3 8 1 4 2 7 2 2 *